美味糕點新主張

超人氣烘焙部落格版主妃娟的fun心糕點

薛妃娟　著

孟兆慶　企劃主編

網友們好評推薦

April — Chris & April 的生活趣
http://www.wretch.cc/blog/aprilchris

　　身為妃娟的大學校友及烘焙好友，聽到妃娟要出書，除了欣喜更是與有榮焉。妃娟的部落格一直是熱愛烘焙DIY的我及其他同好參考與學習的寶庫，這本妃娟的手作烘焙書，絕對是大家不能錯過的收藏！

Dindin — By the Window（Ⅱ）
http://www.wretch.cc/blog/dindinmimi2

　　網路版的烘焙食譜最多人搜尋使用，也最讓人信任的可說是非妃娟莫屬了！只要照著詳細步驟依樣畫葫蘆，幸福美味便能成功複製；以天然食材製作美味與健康兼顧的糕點，解說中帶有細心叮嚀，妃娟的烘焙食譜書，是值得信賴的！

Emily — Emily's Cookie House
http://www.wretch.cc/blog/hfelisa2468

　　和妃娟多年前相識，當時就知道她的烘焙造詣，以及對烘焙的熱情及用心的態度，網誌建立後，更加展現她的烘焙手藝；現在經由孟兆慶老師做「幕後推手」，相信妃娟的烘焙食譜書，會給烘焙愛好者很好的學習指引。

Eric — 黃敬的網誌
http://www.facebook.com/jing.huang2

　　妃娟是我認識多年的網友，從她的部落格文章中，可看出她是一位真正喜愛烘焙、個性嚴謹且自我要求很高的人，這些都是從事烘焙的基本要件；她不吝分享自己的烘焙經驗，相信這本食譜書能造福更多喜愛烘焙的朋友。

lingling — 幸福小女人
http://www.wretch.cc/blog/lingling128

　　從「食全食美」節目的留言版、澤媽家族到現在的部落格，認識妃娟已達7年之久，她總是以無私的襟懷，慷慨地分享不添加任何化學劑的食譜心得，讓熱愛烘焙的朋友能順利做出健康美味的點心，即刻享受成功的喜悅。

Lisa — Lisa's Kitchen
http://www.wretch.cc/blog/chen6162

　　這本烘焙書不僅是創造精美西點的指引，同時也是生活分享，它記錄著妃娟的烘焙經驗，完全不藏私地獻給愛護她的讀者們；由淺入深逐步引導你我，進入精彩的烘焙世界，無論初學或專業，都值得學習與收藏！

N-Y — 夜未央 更聞行
http://blog.sina.com.tw/3463/

　　旅居日本多年，隨著周遭老饕貴婦們的影響，不嗜甜點的我，卻也吃遍了日本各處傳統和菓子及知名洋菓子；此次有幸品嚐到妃娟的精心甜點，才發現她的用心與認真，謝謝妃娟的作品，引導我循著味蕾觸發下一口美食的雀躍期待！

小三 — 小三看天下
http://hk.myblog.yahoo.com/joeyaysy

　　數年前我開始沈迷於烘焙，有一次在網絡上搜尋蜂蜜蛋糕的資料，才初遇妃娟的部落格，立即驚覺她真是烘焙達人；她總是本著獨樂樂不如眾樂樂的態度，將自己的烘焙成果與我們分享，如今我更欣喜擁有這本精彩的烘焙食譜書。

丫丫媽咪 — 丫丫媽咪的網路日誌
http://www.wretch.cc/blog/ma19640818

　　妃娟是認真的女人，初識她於網路上，正式見面則是在高雄的一堂烘焙課，當時她揹著一個小娃兒來上課，後來經人介紹，才知這位認真的學員就是妃娟；我相信以她認真的態度所呈現的食譜書，必屬佳作，值得大大推薦喔！

丫旺 — 飲食男女
http://www.wretch.cc/blog/FDMW

　　妃娟以唾手可得的食材，融入烘焙作品的研發中，天然、營養又兼顧養生；她堅持拒用有礙健康的添加物，讓每個人吃得安心；這本烘焙食譜書讓新手也能輕易地完成作品，分享親友，得到無比成就感。

2

大海 | tahai的三天打漁五天曬網--誌
http://www.wretch.cc/blog/tahai2500

　　妃娟用「心」做點心，也用「心」交朋友，她的甜點只用天然食材，無需華麗的裝飾，總叫人百吃不厭、回味再三；有妃娟為友，更嚐過許多她親手做的點心，我何其有幸！

芭仔 | 芭仔的窩
http://blog.yam.com/kuofj

　　進入烘培世界以來，妃娟的部落格一直是食譜書外，我的最佳烘焙導師與最愛，她的食譜更是我與友人分享時，最常做的範例；妃娟所分享的配方及詳細的步驟，讓我成功地端出最天然美味、唇齒留香的美味點心。

巫婆 | 巫婆的魔杖
http://www.wretch.cc/blog/witch0810

　　在我幾個烘焙的朋友當中，妃娟是個孩子最小、家累最重，但也是最認真的一個，她不時會有新作品發表於部落格上；做為她的朋友，很高興她終於出了第一本烘焙食譜書，相信不久的將來，她也會陸續有很棒的作品問世。

梅子 | 松鼠媽媽做點心
http://meiko566.pixnet.net/blog

　　每次想做點心，我總愛點閱妃娟的部落格，因為她有不斷實驗的求知精神，每道食譜都清晰簡明易上手，如法炮製總能成功得到家人的讚賞。欣聞妃娟要出書，身為老同學特別期待，愛玩烘焙的我從此將有一位「超級家教」了。

祥雲 | 歐巴桑的後花園
http://blog.xuite.net/lpb4542/hsiangyun

　　妃娟是一位勤於學習又樂於動手作的烘焙者，她樂於在部落格分享作品，這次在孟老師的推手下，展開屬於自己的「烘焙風華」；期待妃娟好友的簡約、平實的手作烘焙，能觸動大家的烘焙熱情。

敏慧 | Grace's diary
http://blog.xuite.net/tn258123/gracediary

　　凡是熱愛烘焙的同好，必定知道妃娟，她認真求知與實驗的精神，深獲眾人好評，她的部落格是一個取之不盡的寶庫；妃娟的新書終於誕生了，一本以天然健康為訴求的烘焙好書，詳細的製作說明，讓大家都能輕易上手。

敏敏 | 敏敏的家
http://www.wretch.cc/blog/min412119

　　妃娟的好手藝在無遠弗界的網路上，已小有名氣，這次她出書即是精選大家喜愛的甜點；只要照著食譜動手做，不必出門就能享有純手工又道地的美味糕點囉！

農夫 | 快樂農夫糧糧
http://blog.xuite.net/fjch9391/970807

　　在簡單與複雜中演繹，從精緻和樸實裡變化，每一份巧思與創意都叫人激賞；與廚共舞者需要一點善解與微妙的領悟，這樣用心如魔法般的料理，成就了幸福的美味，這就是妃娟的點心世界，點亮了你我的心！

筱彤 | 笨傢伙-筱彤的避風港
http://www.wretch.cc/blog/wowow68

　　起初我從網路上知道妃娟，漸漸地我從配方中瞭解妃娟，最後則在成功的喜悅裡真正認識妃娟；認真生活努力鑽研烘焙的妃娟，終於出了這本精采的食譜書，相信能夠造福更多的烘焙同好，我想說的是，「遇見妃娟，真好！」

晴晴媽媽 | 晴天的晴
http://tw.myblog.yahoo.com/yyyen-6/

　　妃娟是烘焙DIY的「研究家」，對她而言玩烘焙就像做「實驗」，她總是很有耐心地探討在不同溫度、重量及時間的變化下，成品有何差別。她就像百科全書似的，能夠回答你「為什麼」，想順利做出成功的點心嗎？跟著妃娟做，就對了！

澤媽 | 澤媽家族
http://tw.club.yahoo.com/clubs/momo0937/

　　妃娟的部落格所累積的超人氣，源自於她的好手藝樂於與人分享，幾年前的一場病，讓她以更多的愛讓全家人吃得更健康；現在她出了這本好看又好吃的食譜，絕對是一本愛家人同時又想增進廚藝者，不可或缺的工具書。

馨慧 | 馨媽の甜蜜屋
http://www.wretch.cc/blog/violetss3

　　因為網路使我認識妃娟，也因為妃娟的熱心與不吝嗇的個性，讓她結交眾多喜愛玩麵粉的朋友；這是妃娟的第一本烘焙食譜書，她以最天然的食材製作出很多營養又健康的美味糕點，讓我們有機會能跟她學習，並分享她的喜悅。

這一次，我想當「導演」！

　　基於多年經驗，寫食譜書對我來說，稱得上駕輕就熟，甚至一本食譜書如何地從無到有，我應該也能掌握；從開始企劃主題、食譜設計，以至歸類架構、拍照，到撰寫文稿等，整個過程既辛苦又費時，但每當新書到手的剎那，所有的辛苦又瞬間拋諸腦後；然後再隔一段時日，我又會被告知，「下一本該開始了吧！」

　　這幾年出食譜書成了我的重要工作，甚至有人說我，出食譜書已達走火入魔境地，記得有一次在攝影棚遇到吳恩文，他就說：「蛋糕卷新書不小心又搞得這麼厚啦！」其實，我也覺得很誇張，為何小小的一個蛋糕卷主題，竟也寫了七萬多字；追根究柢是因為每次都會極盡所能，努力地將所有想到、知道的東西都要裝入書中，於是在一次又一次的經驗中，越來越會自我要求，所以最近所寫的食譜書相較於過去的著作，自認長進不少。

　　而出食譜書這件事成了常態後，經常就會不由自主想著之後的新書主題或方向，甚至有時也會有「讓我喘口氣」的念頭，於是就突然想到何不藉由他人之手，來完成我的食譜企劃；有一天我真的跟出版公司提了一份所謂「提攜新人」的企劃案，沒想到公司老闆一口答應，於是在去年的中式麵食新書發表會時，我就找上烘焙族幾乎都熟識的妃娟。

　　在網路流行之初，妃娟就因烘焙跟我接觸了，我永遠記得，有一次在我的烘焙網站，她向我詢問有關「蜂蜜蛋糕」的問題，內容尚未閱讀，我就被那「落落長」的文字打敗，當時感覺怎會有這麼認真的網友？之後，妃娟成立了部落格，然後經常性地跟網友們分享各式烘焙作品，而受到大家熱烈迴響，很多人三不五時留連部落格取經；從那刻起，更讓我感受她對烘焙的熱情與執著，因此沒話說，她成了我新書作者的不二人選。

　　因為妃娟，讓我從演員變成「導演」，雖然同樣是烘焙書的製作，但就執行度而言，確實有差異；首先我非常擔心大病初癒的妃娟，是否能承擔重任，尤其我是以「我的新書」的模式在操作，對一個新人來說，未免過於吃力；當食譜正式開拍後，接踵而來的問題，著實會讓一位新手作者招架不住：成品是否美麗？做法是否順暢？食譜是否叫好？照片是否OK？……很多的質疑不停地浮上檯面，帶給妃娟極大的壓力；有好幾次，我看見妃娟縮著腰彎著身子，在工作檯與廚房間不停地穿梭忙碌，我看了既心疼又不忍，不只一次地，我跟她溝通問題與工作方式，無非希望她越來越上軌道，最後總讓我對她的耐心與要求感到佩服。

　　還有讓我感動的是，妃娟的先生為這本書全程充當攝影師，為了讓拍照工作更順利，我就盡量安排時間跑到妃娟家「跟拍」，從成品構圖到角度拿捏，完全憑當時的感覺行事；有時照片拍得不對，一句話，就是「重拍」，妃娟的先生也不厭其煩地照做。製作這本書確實花了很多精神與時間，而出版公司也給我極大的空間，從未過問或干涉任何事情，反而更加重我的責任感；這本書終於呈現讀者們的眼前，我要感謝妃娟還有她的先生，當然更希望大家能給妃娟更多的鼓勵與支持！

孟兆慶

山、鳥、點心

　　拍照廿多年，從拍山、拍水的山岳攝影，到對著跳動不已、時常是一閃而逝的鳥兒猛按快門，從來沒想過有一天會對著小小的點心按快門，而且最後還發現「此方寸間別有天地」，拍點心也挺好玩的哩。

　　婚前，妃娟是跟我一起登山，婚後孩子出生後，就一起賞鳥、拍鳥，但她迷上烘焙後，寧可去上課、在家作點心，也不去賞鳥了。這幾年來，老婆就這樣一頭埋入麵糰、蛋糕、點心的世界中。完美主義——或說很龜毛的性格，讓她總想把作品完美呈現，再貼上部落格與朋友分享。網友的支持與反應，讓她更歡喜、更有成就感。而我，也在旁分享她的喜悅與成就感——當然，更實際的是吃遍中外名點。

　　年初，老婆的恩師孟老師找她出書，她滿心歡喜，很高興能把幾年來作烘焙的心得出書。但接著問題來了，老婆一向是「慢工出細活」，但書中的步驟與成品照，卻要在數日內、極度壓縮時間的情況下完成。孟老師考慮到老婆身體才大病初癒，恐難承受其壓力，加上知道我拍照多年，決定讓我負責拍照。

　　接下這份工作，坦白說，還挺忐忑的。老婆大人的書，可絕對不能搞砸；但過去接觸的山岳攝影、鳥類攝影，可是百分之百的「自然攝影」，我們「靠天吃飯」，用的是老天賞賜的自然光；既不打光，更不用閃光燈。但這回，可全用上了。

　　雖然找了幾本書抱佛腳的硬K，但實際開拍後，才發現「真的是不一樣」。光線該如何打？要用燈奴否？為什麼這裡或那裡總有消不去的陰影……。經過嘗試錯誤、打電話求救後，總算克服問題，稍微上軌道，結果碰上反差大的景又掛了……。

　　辛苦的還不只是拍照。既然是「自家人」，可不能當清客型的攝影師，要「校長兼撞鐘，攝影師兼洗碗工」。在趕工時，老婆一天可能作個十來道蛋糕，可說是日以繼夜，要洗的鋼盆、玻璃皿、模具……，鋪天蓋地、堆滿水槽，一批又一批，洗得肝腸寸斷、手都爛了。邊拍照、邊洗碗，還要邊哄孩子，是夠煩、夠累的。

　　不過，當拿到二校稿，看著過去一段時間的辛苦，化成漂亮的書，一切都值得了。看到自己能把老婆的心血成品，拍得「貌似」美麗可口（而且真的是美麗可口啦），心中也頗感欣慰。當然，自己從一個對烘焙攝影毫無概念，到最後至少能拍出堪用的照片，最要感激的是老婆的「嚴師」孟老師。這位「嚴師」在我們進度嚴重落後時，一早來我們家「上班」，從中飯、晚飯吃到宵夜，陪著、督促著、也教著我們作出更多、更好的作品，拍出更有「FU」的照片。

　　其實，我的「本行」還是鳥類攝影，拍得最好的還是鳥。哎，真想在老婆的烘焙書上放幾張我拍的鳥兒，只是……，怕挨罵。

　　老婆，如果妳不嫌棄，只要妳喜歡，下本書我還是很願意幫妳拍照啦！

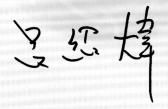

永不放棄我最愛的烘焙！

在大兒子小拉拉年幼時，我開始看食譜書烤一些小糕點給孩子吃，而觸發了我對烘焙的興趣；偶然機會看到孟老師在電視節目「食全食美」教授西點，從此我成了孟老師的粉絲，可以說，孟老師是我學習烘焙的啓蒙老師。剛學烘焙時，正好學會上網，我找到了「鍋鏟留言版」及「孟老師烘焙園地」的網站，在鍋鏟留言版，我認識了澤媽，也加入了澤媽在yahoo的「澤媽家族」，和家族網友們一同分享廚藝經驗和烘焙心得，結交許多網友，我很珍惜這些網路情緣。

2006年我成立部落格，那時我一邊教學，同時也不斷地上課充電，並持續將烘焙心得和網友們分享，特別是宣揚無添加物點心的理念，往往引起網友們極大的共鳴；曾有不少網友問我，能不能寫一本無添加物的食譜書，當時我認為自己的烘焙資歷尚淺，能力不足以出書，總覺得自己還必須多方充實與歷練。

後來我的烘焙路走得並不順遂，因接連懷孕安胎生子，讓我無法專注於部落格的經營；2年前我又罹患癌症，病苦曾經讓我灰心喪志，一度以為天倫夢與烘焙夢俱碎，那種錐心刺痛，實難言喻。幸得家人的扶持和網友們的打氣，我才調整心態，以正向思維面對一切，也決定永不放棄我最愛的烘焙。化療期間，只要體力允許，我仍戴著口罩去上課學習；療程結束後，我彷彿重獲新生，也更加珍惜生命。

去年年中，孟老師探詢我身體恢復的狀況，原來她有意為我企劃一本食譜書，幾經考慮後，我決定接下這份工作；我何其有幸，有孟老師這位資深的烘焙名師做我的幕後企劃。因考量我的體力較差，孟老師建議攝影工作乾脆就由我的先生擔任，然而拍照的過程並非想像中的容易，因為我的先生雖專注於戶外攝影二十幾年，但對甜點方面卻無涉獵；於是孟老師常常耗費許多時日來陪我們拍照，給予我們許多指導與建議，在製作過程遭遇挫折時，孟老師總是傾全力相助；在這過程中，我跟著孟老師又學到不少東西，如操作手法的改進、烤溫的掌控以及烘焙素養的提升等。我非常慶幸，經過這一年來的磨練，烘焙功力又增進不少。拍照之後開始寫食譜，只要敘述稍有不周全或出現漏洞，都過不了老師那一關，我終於體會，寫食譜書完全迥異於寫部落格的隨心所欲，幸好有孟老師「高標準」的要求和潤稿，這本書才能以這樣的好品質呈現給喜愛烘焙的朋友們。

早年我在學烘焙時，使用添加物和反式油脂比比皆是，鮮少有人去質疑使用這些東西的問題。而我一提出對化學添加物的疑慮時，肯定有人會說：「那麼怕死，就不要吃了！」「又沒加多少，吃一點不會怎麼樣的！」但如今「烘焙民智」已開，大家都了解化學物質對身體不好，就算只是吃一點，在體內積少成多，對健康總是危害；我曾失去健康，深感健康的可貴，請好好疼惜自己和我們的家人吧！

本書的完成，首先感謝孟老師的辛勞及美編小娟的設計，也感謝我的先生犧牲無數次賞鳥的機會，花了許多時間和精力幫我拍照；還要感謝熱情相挺寫推薦文的網友們，並感謝每一位教導過我的老師！

謹將本書獻給我的父母。

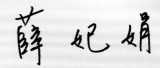

CONTENTS

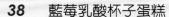

杯子蛋糕

從紐約到台北的時尚甜點

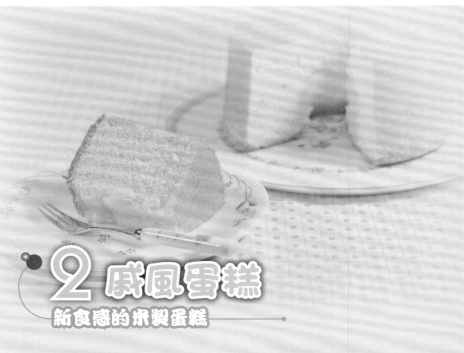

2 戚風蛋糕
新食感的米製蛋糕

3 傳統糕點
不曾遺忘的熟悉美味

4 人氣糕點
最有興趣的必做點心

5 歐美名點
必學必做的知名糕點

6 乳酪蛋糕
值得品味的乳酪糕點

為何是這些食譜？

這幾年來我在部落格上分享不少食譜，常常有網友照著做之後，開心地告訴我，他們不僅做成功了，而且成品非常美味，大受親友歡迎。聽到自己的東西備受肯定、引起共鳴，我內心充滿喜悅。老實說，當初我研發這些食譜，不是為了分享而分享，說得坦白些，這些都是我為家人而做的點心；為了家人的健康，為了符合家人的口味，在嚴選食材的原則下，我努力將每道點心做到美味可口的地步，沒想到和網友分享後，累積眾多的好口碑。

記得女兒一歲大的時候，我就開始揹著她去上蛋糕課，這幾年來，她天天跟在我身邊看我做點心、玩麵粉，表現出濃厚的興趣，於是我想到，我要寫一本傳家食譜留給她，抱持著這樣的想法，我為了她開始做一些東西，慢慢寫了一些食譜。

本書共分為六個單元，幾乎都是大家耳熟能詳的糕點，從簡單的杯子蛋糕到極具挑戰性的蜂蜜蛋糕，應該都是大家有興趣的產品；在眾多食譜中更有不少點心是我情有獨鍾的，反覆製作不知多少回，每每成品端在親朋好友眼前時，永遠有聽不完的讚美之詞，因此非常欣喜跟大家分享這些平凡中的甜蜜滋味。

我的堅持

做點心和做料理一樣，用料都要講究。而用料的首要條件則是選用新鮮天然的食材，因此，我堅信嚴選食材做點心，更能兼具美味與健康。過去烘焙食品常和不健康畫上等號，那是因為部分的烘焙業者常使用劣質的人造油脂，不僅化口性差，又含有危害健康的反式脂肪。最普遍的蛋糕上裝飾用的植物性鮮奶油更是雙重不及格，除了植物性鮮奶油本身是經氫化的人造油脂外，還有為了讓色彩豐富所調出的五顏六色霜飾。而蛋糕體為了追求極致的綿細與蓬鬆度，添加了各式乳化劑及化學膨大劑，更是讓人詬病，另外為了突顯香氣效果額外添加的各類香精也比比皆是。因此每當想到我怎能餵孩子吃這些不健康的蛋糕時，就一滴化學色素也加不下去。所幸大地賜予我們不少多彩多姿的新鮮蔬果、濃醇的巧克力以及香氣十足的各式堅果等，運用這些天然素材，我們照樣可以幫糕點打扮得繽紛誘人。

然而不使用添加物或非天然的油脂與材料，就烘焙不出成功的點心嗎？我在部落格長期以來就是分享自然素材的點心，事實證明美味不但絲毫未打折，甚至成品賣相也不差。利用蛋液打發的特性，並用心練習蛋糕攪拌的技巧，不加膨大劑也能輕鬆做出優質的蛋糕。這幾年來經由我和幾位同好不斷地在網路上鼓吹，漸漸地現在很多人開始和我一樣堅持不用化學添加物做點心了，這也是我樂於見到的結果。

準備工作 不可忽略！

製作糕點前，必須做好準備工作，以期整個操作流程順暢，並避免過程中出錯而導致功虧一簣，首先必須注意以下要點：

確認你的烤盤大小

書中有許多糕點是以平烤盤來製作，為確實掌握麵糊用量，請在製作前先確認你的烤盤與書中的尺寸差異，只要將兩者面積相除，即可算出不同烤盤的實際分量。

例如：書中的烤盤尺寸是 35 公分 ×25 公分，如要改成 20 公分 ×20 公分的烤盤，

即 $35 \times 25 = 875$　$20 \times 20 = 400$　$400 \div 875 = 0.46$

將書中各項材料分別乘以 0.46 即可

確認你的烤模大小

根據書中所使用的烤模大小，可換算出不同尺寸的模型所需要的麵糊用量，只要將兩者的面積相除，即可算出不同烤模的實際分量。

例如：直徑 6 吋烤模改為直徑 8 吋烤模，麵糊換算如下：

6 吋的面積＝半徑 × 半徑 × 圓周率＝ $3 \times 3 \times 3.14 = A$

8 吋的面積＝半徑 × 半徑 × 圓周率＝ $4 \times 4 \times 3.14 = B$

$B \div A = 16 \div 9 = 1.78$

將書中各項材料分別乘以 1.78 即可

另外書中有許多大小不一的紙杯，可比照圓烤模的換算方式，準備實際的麵糊用量。

烤箱要預熱

在動手準備材料的同時，別忘了烤箱必須先預熱，以確保麵糊完成時，烤箱已經到達理想的溫度，特別是蛋糕類麵糊才能立即受熱定型而不致消泡。

由於烤箱性能的差異，預熱所需時間也會有所不同，基本上，至少在麵糊進爐前約 10~15 分鐘就要開始將烤箱預熱，根據不同類別的產品，設定烤箱溫度開始預熱。

烤盤鋪紙

在烤盤內鋪上防沾的烘焙紙，有助於烘烤後的蛋糕順利脫模，鋪紙的方式為：

⋔ 裁出比烤盤的長、寬大 4~5 公分的烘焙紙，在 4 個角各剪 1 刀。

⋔ 將紙鋪入烤盤內，再用手指沿著烤盤內邊壓出摺痕，即可將烘焙紙固定在烤盤內。

例如：p.140 澳洲萊明頓、p.152 迷你黑森林蛋糕、p.156 布朗尼、p.128 咖啡水晶蛋糕、p.124 黃金蛋糕、p.126 黃金壽司蛋糕卷、p.92 低脂豆腐蛋糕及 p.108 芙蓉鹹蛋糕等。

模型處理

根據不同材質的烤模或不同屬性的麵糊，事先必須做好烤模防沾的動作，有助於成品順利脫模，常見的有以下的處理方式：

- 抹油：除了鐵氟龍材質的烤模外，一般金屬烤模用於油量較高的麵糰，只要在烤模內部均勻地塗抹一層薄薄的奶油即可，或使用市售的噴霧式烤盤專用油也可以。例如：p.144 德國布丁的塔皮及 p.158 巧克力岩漿蛋糕等。

- 抹油撒粉：油量較少或質地較稀的麵糊，所使用的烤模除了將內部抹油外，必須再撒上一層薄薄的麵粉，更有助於成品脫模；只要在抹油的烤模內撒上麵粉後再傾斜轉動烤模，使麵粉均勻附著，再將多餘的麵粉扣出即可；例如：p.146 馬德蕾妮、p.148 費南雪、p.94 元寶小蛋糕及 p.159 簡易爆漿巧克力蛋糕等。

- 抹油撒糖：烘烤完成後，成品不需脫模即可直接食用，為了方便用湯匙舀出並增添口感的香甜度，除了在烤模內部刷一層薄薄的奶油外，可再撒上細砂糖；只要在抹油的烤模內，撒上細砂糖後再傾斜轉動烤模，使細砂糖均勻地附著，再將多餘的細砂糖扣出即可；例如：p.154 舒芙蕾。

- 內部卡上圍邊紙：在模型既有的高度內再額外增加高度，則可利用硬質的塑膠片，裁出需要增加的高度，再剪出適當的長度，兩端以雙面膠黏好成圈狀（直徑需與模型口相等），即可卡緊在模型頂端處；如 p.176 芒果乳酪杯。

- 底部墊紙：面積較大的烤模，為了成品順利脫模，將烤模底部墊上烤焙紙，效果更優於抹油方式；例如：p.156 布朗尼、p.170 百香果輕乳酪蛋糕及 p.174 黑珍珠乳酪蛋糕等。

- 底部包鋁箔紙：除了一般烤模外，製作慕斯所使用的框模，也可用於烘焙各項產品，但使用前需將框模底部以鋁箔紙包緊，可方便移動框模並避免麵糊烘烤時從底部溢出；如 p.168 南瓜酸奶乳酪蛋糕。

- 木框包紙：除了一般的金屬烤模外，如以木框製作可避免蛋糕體四周快速上色，大家熟知的蜂蜜蛋糕即需要用這種方式烘烤；麵糊製作前需以烘焙紙或食用級的牛皮紙包覆木框，以避免麵糊直接沾黏於木框上，同時有助於成品順利脫模。

做法

❶ 木框置於牛皮紙中央（圖1），以鉛筆畫出記號，摺出井字形，並裁去四邊的小長方塊（圖2）。

❷ 在烤盤底部墊入 4 張和烤盤內徑相等的牛皮紙，放上木框。裁出長約 18 公分 x 寬 8 公分的長方形紙片共 4 張，將紙片摺成 L 形，立起紙片貼靠在木框四角（圖3）。

❸ 先在木框內鋪入做法 ❶ 所裁好的牛皮紙（圖4）（用橡皮擦先將筆跡擦淨，並將鉛筆畫過記號的那一面朝下），用手將牛皮紙順著木框的形狀壓出摺邊（圖5），將露在木框周邊的牛皮紙摺到木框底部，並以木框壓住紙頭（圖6）。

❹ 木框內再鋪入一張與木框內徑相等大小的烘焙紙（圖7）。

說明

- 做法 ❷ 裁出小紙片，塞在木框四個角落，可防止麵糊在烘烤時從細縫中滲出。
- 牛皮紙鋪好後，再額外鋪上一張烘焙紙，有助於成品脫模。

準備擠花袋

事先將擠花袋備妥，有助於製作流程的順利進行，以下就「擠麵糊用」與「擠奶油霜用」的兩種方式分別說明。

擠麵糊用

製作小小的杯子蛋糕，利用擠花袋將麵糊擠入紙模內，可有效控制麵糊分量，如無法取得擠花袋時，則用小湯匙將麵糊舀入烤模內。市售的擠花袋，無論是重複使用型的塑膠擠花袋，或「用過即丟」的透明三角形塑膠袋，均有擠麵糊的功能，只要將三角形塑膠袋的袋口剪出約1公分的刀口，兩者都不需另外裝入擠花嘴，即可將麵糊裝入袋內；但需注意，裝麵糊前需將擠花袋的袋口處夾緊，以防止麵糊流出，要擠麵糊時，再將袋口打開。

擠奶油霜用

利用不同的擠花嘴，可擠出各種造型的奶油霜。

裝入擠花嘴

● 塑膠擠花袋：將擠花嘴直接裝入重複使用型的塑膠擠花袋內，並將擠花袋塞入擠花嘴內，可防止裝麵糊時，麵糊從花嘴口流出。

● 拋棄式擠花袋：將需要的擠花嘴裝入透明三角形塑膠袋內，剪出適當大小的洞口，只要露出擠花嘴的尖端紋路即可。

● 特殊擠花嘴使用法：花環狀大花嘴裝入擠花袋內，剪出適當大小的洞口，只要露出尖端齒紋即可。

擠花方式

將袋口反摺，以虎口撐開擠花袋，再將麵糊裝入袋內，或利用高形的量杯撐開袋口再裝入麵糊，接著將袋口扭緊，並將塞入擠花嘴內的擠花袋鬆開，即可開始擠製奶油花飾。

擠製時，一手握住擠花袋，另一手輕輕地扶住擠花袋。

● 小圓球：利用平口擠花嘴，以垂直方式，將擠花嘴在距離蛋糕面約 0.5 公分處，輕輕地擠出小圓球，例如 p.38 的藍莓乳酸杯子蛋糕。

● 貝殼：利用齒狀擠花嘴，將擠花袋傾斜約 45 度角，先擠出圓球狀，接著擠出細長尖形狀，例如 p.38 的藍莓乳酸杯子蛋糕。

● 小星星：利用齒狀擠花嘴，以垂直方式，將擠花嘴在距離蛋糕面約 0.2 公分處，輕輕地擠出奶油霜，例如 p.62 的繽紛聖誕杯子蛋糕。

● 花環狀：利用花環狀大花嘴，以垂直方式，將擠花嘴在距離蛋糕面約 0.5 公分處，一口氣將麵糊擠出；擠的過程中不要停頓，同時注意擠出的力道要控制一致，擠好後先往下稍頓一下，再輕輕地垂直提起花嘴，花型才會好看。

說明：各種擠花嘴的造型，請看p.31的說明。

製作過程  常出現的基本動作

奶油軟化

製程中需將奶油打發者，都應將奶油從冰箱取出秤好後，放在室溫下回溫，直到奶油軟化至可輕易用小湯匙或用手壓出凹痕，才可開始製作；奶油乳酪亦需要同樣的事前作業。

隔水加熱

有些製作過程，僅需將材料溫和加熱，則必須採用「隔水加熱」方式，才不至於加熱過度，影響製作效果；另外如融點較低的無鹽奶油及苦甜巧克力，也需以隔水加熱方式，慢慢融化成液體，以避免出現油水分離現象；隔水加熱時，需注意的重點如下：

1. 應避免使用玻璃容器，最好以傳熱佳的金屬攪拌盆進行加熱。
2. 將水加熱後（不需沸騰），即可將放有材料的容器置於熱水上。
3. 加熱時應以橡皮刮刀或小湯匙邊攪拌，有助於材料的融化速度或均勻受熱。

以下就是本書中的某些製程所需的隔水加熱：

● 無鹽奶油：加熱時如奶油已融化至八、九成時，則可將容器離開熱水，利用奶油的餘溫繼續攪拌至完全融化；但需保持奶油呈液態狀，才能順利拌合麵糊，如 p.148 費南雪。
● 鮮奶＋無鹽奶油：將鮮奶及奶油一起放入容器內，隔水加熱至奶油融化，之後必須保持液體的溫度約 40℃左右（可將容器放回熱水上保溫），才能順利拌合麵糊，如 p.140 澳洲萊明頓。
● 全蛋＋細砂糖：製作全蛋打發的海綿蛋糕時，需將全蛋（加蛋黃）及細砂糖一起放入容器內，邊攪拌邊以隔水加熱至微溫，如此能增強蛋液的流性，有助於打發速度；如 p.140 澳洲萊明頓。另一目的則是藉由隔水加熱過程，快速將細砂糖融化，如 p.146 馬德蕾妮、p.148 費南雪等。
● 無鹽奶油＋可可粉：隔水加熱後，藉由奶油的溫度，有助於奶油與可可粉融合，如 p.128 咖啡水晶蛋糕。
● 鮮奶＋動物性鮮奶油：隔水加熱後，藉由液態的溫度易將固態的奶油乳酪軟化呈糊狀，才能順利與其他材料拌合均勻，如 p.144 德國布丁。
● 苦甜巧克力：隔水加熱時，需以橡皮刮刀邊攪拌，才能讓巧克力均勻地受熱，融化時的巧克力液溫度勿超過 40℃，以免油水分離。
● 奶油乳酪＋細砂糖：隔水加熱前，需將奶油乳酪先放在室溫下回軟（如「奶油軟化」的說明），加熱時才能避免過多的顆粒不易攪散，同時需以打蛋器不停地攪拌，如 p.164 大理石乳酪條。
● 豆漿＋沙拉油：兩種液體同時加熱後，可增加麵粉的吸水度，使成品組織柔軟綿細，隔水加熱時，液體的溫度至約 65℃左右即可，如 p.92 低脂豆腐蛋糕。

直接加熱

有些液體材料適用於以小火直接加熱，但要注意加熱時需不時地搖晃鍋子，以使鍋內的液體材料平均受熱。

● 動物性鮮奶油：以小火直接加熱至鍋邊的鮮奶油微微冒泡即可，以此溫度可將巧克力片融化成液體；如 p.158 巧克力岩漿蛋糕。
● 牛奶＋沙拉油：將兩種液體同時加熱至約 65℃，再加入麵粉，可使麵粉糊化，吸水性大增，成品組織柔軟綿細。例如 p.108 芙蓉鹹蛋糕。或將牛奶加沙拉油加熱至微沸，再加可可粉，即可溶解可可粉，便於和材料拌勻，如 p.72 巧克力蓬萊米戚風蛋糕。

堅果烤熟

烘烤前　　　　　　烘烤後

當堅果需拌入麵糊內一同烘烤時,事先要將堅果以150℃左右烤熟,才能突顯堅果香氣與甜味,但需注意勿烘烤過度,只要呈現上色狀即可,如p.156布朗尼內的碎核桃。

餅乾底做法

由於市售餅乾含油率不一,故本書內的餅乾底的奶油用量僅為參考值,奶油用量請自行斟酌。

● 餅乾放入塑膠袋內先用擀麵棍敲碎,再用擀麵棍擀成碎屑狀,加入融化的奶油。

● 餅乾屑與奶油攪拌均勻,可在手中捏聚成糰的狀態,即可舖入烤模內用手或利用烤模壓緊實。

打發鮮奶油要隔冰塊水

將鮮奶油打發後,可用於不同糕點上。開始製作時,從冰箱取出鮮奶油,秤出需要的用量後,將容器墊在冰塊水上,先以慢速再改用快速攪打;以低溫狀態打發鮮奶油,有助於鮮奶油快速發泡,以下分別就不同的打發程度說明。

● 用於慕斯:鮮奶油從原本的液態狀,打發至仍會流動的濃稠狀(圖1)。

● 用於餡料:上述的打發狀態,持續再攪打,只要出現不會流動的狀態即可(圖2),打發後的鮮奶油與卡士達醬拌勻即成蛋糕內餡,如p.120牛奶戚風杯的卡士達鮮奶油。

● 用於裝飾:將鮮奶油攪打至濃稠狀時(如慕斯使用的狀態),即可加入細砂糖(圖3),再繼續打發至不會流動的濃稠狀,反扣鮮奶油時不會掉落的程度即可(圖4)。

● 過度打發:過度打發的鮮奶油不具光澤度,質地粗糙且失去滑順感(圖5),因此無法使用於任何糕點的製作。

說明:以上的鮮奶油,均使用動物性鮮奶油,口感較好。

蛋白蛋黃怎麼分

因應不同的糕點製作，有時會分別取用蛋白及蛋黃，為避免蛋殼表層附著的雜質或細菌污染蛋液，最好將蛋殼輕輕敲破，將蛋液放入容器內，再用湯匙將蛋黃撈出，即可分離出蛋白及蛋黃，接著再秤取需要的蛋白（及蛋黃）用量；如需要「全蛋」分量，則將整顆蛋打散後，再秤取需要的用量；接觸雞蛋的雙手，需確實洗淨，再繼續之後的動作，以免污染其他材料與工具。

粉料過篩

製程中將各種粉料過篩，有助於細緻的粉料能與其他材料拌合均勻，但過篩後殘留在篩網上的顆粒，亦需用手搓散過篩，以減低材料分量的損耗率。以下是常見的粉料過篩：

● 麵粉：通常低筋麵粉較易結顆粒，使用前一定要過篩，過篩後殘留在篩網上的顆粒，需用手搓散過篩（圖1）。

● 麵粉＋杏仁粉：兩種不同的粉料，可同時過篩，以呈現更均勻細緻的混合粉料；因杏仁粉顆粒較粗，最好使用孔洞較大的篩網，過篩後殘留在篩網上的顆粒，可用手將杏仁粉顆粒盡量壓碎過篩，如過粗的顆粒則直接倒入混合的粉料中即可（圖2）；如 p.148 費南雪及 p.100 地瓜燒。

● 麵粉＋可可粉：說明同上，過篩後殘留在篩網上的顆粒，需用手搓散過篩；如 p.156 布朗尼，另外如麵粉加抹茶粉（或其他粉料），方法亦同（圖3）。

濃稠的液體需刮乾淨

製作時的每項材料分量應力求精準，特別是濃稠狀的液體，如蜂蜜及鮮奶油，務必使用橡皮刮刀盡量將附著於容器上的蜂蜜（或鮮奶油）刮乾淨，以減低材料分量的損耗率。

香草莢怎麼用

製作乳製品時，添加香草莢特別突顯天然的香甜氣味，使用時以刀子將香草莢剖開，再刮出香草籽，將香草籽連同香草莢一起放入鍋中，以小火加熱，即可釋放可口的味道，最後再取出香草莢即可。

吉利丁片怎麼用

製作慕斯時，通常使用吉利丁片當做凝固劑，使用前需將吉利丁片一片片分開（如容器的直徑小於吉利丁片時，可先將吉利丁片對摺），再浸泡於冰塊水中（冰塊＋冷開水）（圖1）；應避免使用一般常溫的冷水，否則易使吉利丁片溶於水中，分量損耗後則會影響製作的品質；浸泡時的水量以能淹過吉利丁片為原則，直到吉利丁片完全軟化時，取出擠乾水分即可使用（圖2）。

軟化後的吉利丁片再放入 60℃以上的液體材料內融化，需以隔水加熱方式融化成液體（圖3），但不可加熱過久或超過 85℃，否則會破壞凝結力。

吉利T粉怎麼用

製作果凍時，如以吉利 T 粉當做凝固劑，使用時勿將吉利 T 粉直接放入水中加熱，以免吉利 T 粉直接受熱而結顆粒；需將吉利 T 粉和細砂糖先放在容器內（或空鍋內）乾拌混合，再倒入冷開水內（或其他液體）拌勻，才可開火加熱，同時需不停地攪拌，直到吉利 T 粉完全融化即可（不需沸騰）。

以吉利 T 粉製作，其凝固溫度約在 40℃左右，所以必須把握時機將煮好的液體灌入模型內，如 p.128 咖啡水晶蛋糕。

檸檬皮怎麼刨

檸檬的表皮含有芳香精油，非常適合調入糕點中提味，但要注意勿刮到白色部分，才不會出現澀味；可用檸檬磨皮器或擦薑板刨出皮屑，如無法取得任何刮皮器，則利用刀子將表皮切下來，再慢慢切碎亦可；凡是需以檸檬調味的食譜，均可改用柳橙或葡萄柚。

麵糊冷藏

有些稀麵糊拌好後，不適合立即製作，應將麵糊覆蓋保鮮膜冷藏鬆弛至少一小時以上，但依不同的產品或麵糊分量，冷藏時間未必相同。經過一段時間冷藏後，粉料與水分確實結合後，麵糊更加穩定，即呈細緻且光澤的麵糊質地；如此一來，有助於產品品質，如 p.146 馬德蕾妮、p.148 費南雪。

烘烤完成 常做的事

一出爐就要倒扣

除了平盤蛋糕外,如以體積較大的 6~10 吋的戚風蛋糕(或海綿蛋糕)而言,在高溫受熱中,麵糊內的氣泡會隨著溫度上升漸漸地往上層膨脹,而越壓在底層的麵糊,氣泡的膨脹力就被削弱;為了避免蛋糕組織上下層的差異過大,因此蛋糕出爐後,需立刻倒扣,使得底層的組織不會被壓扁;倒扣時不要太貼近桌面,以免影響散熱導致蛋糕表面濕黏,可將蛋糕直接倒扣在網架上或插在 4 腳針架上,而中空式的圓烤模則可將中空處直接扣在瓶口上。如本書第 2 單元「戚風蛋糕」的各種蛋糕,成品一出爐皆需立即倒扣,冷卻後即可脫模。

蛋糕何時脫模

蛋糕烘烤完成後,該如何脫模也需掌握要領,否則一旦疏忽後,往往功虧一簣,就非常可惜囉!根據不同屬性的蛋糕,脫模時機不盡相同,一般常見方式如下:

● 冷卻再脫模:大部分的糕點都需冷卻後再脫模,尤其是大體積的戚風蛋糕(或海綿蛋糕),待成品定型後再脫模較不易變形(依 p.23 的「脫模方式」);而以稀麵糊製成的蛋糕剛出爐時,蛋糕體與模型仍然緊密黏合,待熱漲冷縮後,即會發現蛋糕體與烤模出現細縫,此時就能輕易脫模,如 p.148 費南雪、p.146 馬德蕾妮、p.164 大理石乳酪條、p.174 黑珍珠乳酪蛋糕及 p.104 酵母黑糖糕等。

● 出爐後立刻脫模:大面積的平盤蛋糕,底部墊有烤焙紙,出爐後必須立刻反扣撕掉紙張,以便讓底部散熱透氣;否則蛋糕底部壓著過久,溼氣堆積會讓烘焙紙產生皺褶,而影響成品。

● 冷藏凝固後再脫模:藉由吉利丁片(或吉利 T 粉)等凝固劑製成的慕斯(或果凍),都必須放在冰箱冷藏,待凝固才可脫模;否則不夠定型即貿然脫模,則難以成型。脫模原則即是將成品與模型分離,最簡便的方式,即是利用小刀緊貼著模型劃開,成品就能順利取出;但為了成品邊緣光滑細緻,最好利用噴槍將模型稍微加熱,使成品邊緣輕微融化即可脫模,以此加熱方式,也可改用熱毛巾熱敷模型外部或吹風機加熱等,可依個人的方便性以各種方式順利地將成品脫模。

糖粉裝飾

在蛋糕表面撒糖粉,是最簡單的裝飾方式,利用細目篩網自糕點表面約 20 公分高處,用手拍著篩網均勻地篩下糖粉即可。

蛋糕切塊

較大型的蛋糕體最好切成小塊，以方便食用，但不同屬性的蛋糕，切塊時的方式也不盡相同；而蛋糕切面的美觀與否，往往也會影響食用者的品嚐心情，掌握正確的切蛋糕方式，不但輕鬆順手，而且賞心悅目的外觀，更讓成品加分，因此不能疏忽切蛋糕的方式喔！

- 熱刀法：具黏稠性或含奶油霜的蛋糕體，切塊時最好先將刀子加熱，更能俐落切塊。

  方法一：將刀鋒在爐火上來回加熱數秒即可，每切完一刀，必須用紙巾將刀子擦乾淨，接著繼續加熱。

  方法二：將刀子放入熱水中加熱，切塊前必須將刀子上的水漬擦乾，同樣地每切一刀都要將刀子擦乾淨。例如：各式乳酪蛋糕及慕斯類。

- 鋸刀法：蛋糕體具彈性鬆軟特性者，適合以鋸的方式切蛋糕，例如：各式戚風蛋糕及海綿蛋糕類，一手拿著長型鋸齒刀來回鋸蛋糕，一手輕輕地扶著蛋糕體，即可漂亮切出蛋糕塊。

蛋糕切片

蛋糕切片是指將蛋糕體橫切成片狀，再抹上各種奶油霜或餡料，因此該如何切得工整俐落，只要掌握一點小技巧，花些時間練習，就很容易做得好；利用「轉檯」操作會讓切片動作更得心應手。

⋒ 首先將蛋糕體放在轉檯中心位置，接著一手握著長型鋸齒刀，一手輕壓蛋糕表面，先在切片位置處劃上刀痕。

⋒ 接著用鋸齒刀沿著蛋糕邊用鋸的方式鋸完一圈，注意在鋸的同時，必須緊盯著蛋糕片的厚度，如此就不會切歪。

⋒ 鋸完一圈後即回到原來位置，再繼續從右方橫切至左方即可，無論蛋糕片厚度，切法完全相同。

烤前總複習

秤料不可馬虎

製作糕點時將每一項材料準備妥當,是初步重要工作,而秤料是否精確,往往是產品成敗的關鍵;秤料時為了避免分量誤差,請掌握以下原則:

- 使用電子秤:應使用以公克為單位的電子秤,會比傳統以指針刻度標示的磅秤更為精確與便利(圖1)。
- 淨重的蛋量:由於蛋有大小之差(圖2),有時會影響麵糊的濃稠度,因此為降低誤差率,本書中的蛋量一律以去殼後的淨重來計量,而不以蛋的顆數為單位。

  一般中型雞蛋的淨重約55~60克,蛋黃約占18~20克,蛋白約占37~40克。

- 量少時需用量匙:分量少的液體(例如:檸檬汁、蘭姆酒等)或質地輕的粉料(例如:抹茶粉、酵母粉等)不易秤量,則可利用標準量匙計量,但需注意粉狀材料應與量匙平齊(圖3)。

  標準量匙附有4個不同的尺寸(圖4):

  1大匙(1 Table spoon,即1T)
  1小匙(1 tea spoon,即1t)或稱1茶匙
  1/2小匙(1/2 tea spoon,即1/2t)或稱1/2茶匙
  1/4小匙(1/4 tea spoon,即1/4t)或稱1/4茶匙

戚風蛋糕的重點……打發、攪拌

戚風蛋糕的質地非常輕柔細緻,是很多人喜愛的蛋糕口感,簡單易上手,其製作過程如下:

重點:蛋黃麵糊→打發蛋白→兩者混合

基本材料		做法

基本材料

蛋黃	100克
鮮奶	45克
沙拉油	35克
蘭姆酒	2小匙
生蓬萊米粉	120克
蛋白	250克
細砂糖	130克

做法

❶ 蛋黃麵糊:蛋黃入盆打散後,加入鮮奶、沙拉油及蘭姆酒攪拌均勻(圖1)。

❷ 加入蓬萊米粉(圖2),攪拌成均勻的粉糊(圖3)。

❸ 打發蛋白:蛋白以電動攪拌機打至粗泡狀,再分3次加入細砂糖打至9分發,成為細緻滑順的蛋白霜,呈撈起後不滴落並且有小彎勾的狀態(圖4)。說明:打發蛋白請參考p.24的「蛋白打發」。

❹ 兩者混合:取約1/3分量的蛋白霜加入做法 ❷ 的粉糊中(圖5),用打蛋器輕輕拌勻。

❺ 再倒回剩餘的蛋白霜內(圖6),用橡皮刮刀輕輕拌勻(圖7)。

❻ 將粉糊分別倒入2個烤模內(圖8),並用刮刀將粉糊表面稍微抹平(圖9)。

❼ 雙手拿起烤模,拇指壓住中心頂部,在桌面上輕敲2下(圖10),震除大氣泡。

❽ 烤箱預熱後,以上火180℃、下火180℃先烤約10分鐘至上色後,改成上火150℃、下火170℃,續烤約15~20分鐘。

❾ 出爐後立刻將蛋糕懸空倒扣至冷卻(圖11)。

說明

❶ 材料中的沙拉油可用任何液態的植物油代替,但盡量選擇味道清淡的油脂。

❷ 麵粉與米粉的吸水度與吸水速率不同,因此攪拌順序稍有差異,請注意這些攪拌細節,將有助於麵糊攪拌均勻,以免結顆粒進而影響成品組織。

脫膜方式

如體積較大的 6-10 吋戚風蛋糕(或海綿蛋糕),需待成品定型後再脫模較不易變形,脫模方式有 2 種:

方法一

● 用手輕輕剝開蛋糕的邊緣(圖 12),再慢慢往上推(圖 13)。

● 用小刀劃開中心處(圖 14),將蛋糕倒置往下輕剝,使底部脫離烤模(圖 15)。

方法二

● 利用小刀緊貼著烤模內刮開(圖 16),再劃開中心處(圖 17)與底部(圖 18)即可。

蛋白打發……到底有多發？

利用電動攪拌機（或打蛋器）將蛋白不停地攪打，會拌入大量的空氣，使得蛋白產生鬆發效果；不同的打發程度應用在不同的糕點需求，而造成理想的成品質地，因此在蛋白的攪打過程中，需確實掌握每個階段的不同變化。

粗泡狀：蛋白開始攪打時，短時間內即會出現粗粗的泡沫（圖1）。

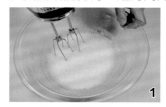

5-6分發：持續攪打後，泡沫漸漸增多，體積變大會呈流動狀，此時開始將細砂糖分3次加入（圖2），如以手拿式攪拌機需以快速攪拌，桌上型攪拌機用中速即可（圖3、圖4）。

7-8分發：俗稱濕性發泡，撈起蛋白霜後不會滴落，出現柔軟的小彎勾（圖5）。

9分發：俗稱中性發泡，具光澤度，呈細緻滑順狀，反扣時也不會掉落（圖6），撈起蛋白霜有彈性的小彎勾（圖7）。

10分發：俗稱乾性發泡，撈起蛋白霜呈現尖角豎立的狀態（圖8）。

棉花狀：持續攪打後，蛋白霜呈蓬鬆狀，失去滑順感且無光澤度（圖9）。

卡士達做法

卡士達（custard）主要是以蛋、鮮奶、細砂糖及麵粉（或玉米粉）等混合加熱而成的濃稠蛋奶醬，常用於泡芙、蛋糕或慕斯等餡料，其細緻的香醇奶味與滑順口感，深受大家的喜愛，而其中具有提升風味功能的天然香草莢，絕對是不可或缺的重要食材。

基本材料

蛋黃	30 克
細砂糖	25 克
低筋麵粉	10 克
鮮奶	140 克
香草莢	1/4 條
無鹽奶油	5 克

做法

❶ 蛋黃入盆打散，加入細砂糖用打蛋器攪拌均勻（圖1）。

❷ 加入過篩的低筋麵粉拌勻（圖2）。

❸ 先加入少量鮮奶拌勻（圖3），再分次加入鮮奶拌勻。

❹ 加入香草莢與香草籽（圖4），以中小火加熱，邊煮需邊用打蛋器快速攪拌，以免結粒（圖5）。

❺ 煮至蛋糊呈現濃稠狀，可先離火拌勻，以免鍋底結塊或燒焦，續煮至出現紋路並達到沸騰冒泡的狀態（圖6）。

❻ 熄火後，加入奶油攪拌均勻（圖7）。

❼ 拌勻後，即成滑順的卡士達（圖8）。

❽ 將卡士達隔冰塊水邊攪拌至降溫（圖9）。

❾ 表面密貼保鮮膜以阻隔空氣並避免表面產生水氣（圖10）。

❿ 待冷卻後，使用前需再攪拌成為乳滑狀態，才能加入打發的奶油醬或打發的鮮奶油（圖11），即成**慕斯林**（圖12、圖13）（例如 p.120 牛奶戚風杯的內餡）。

說明：香草莢使用方式請參考p.18「香草莢怎麼用」。

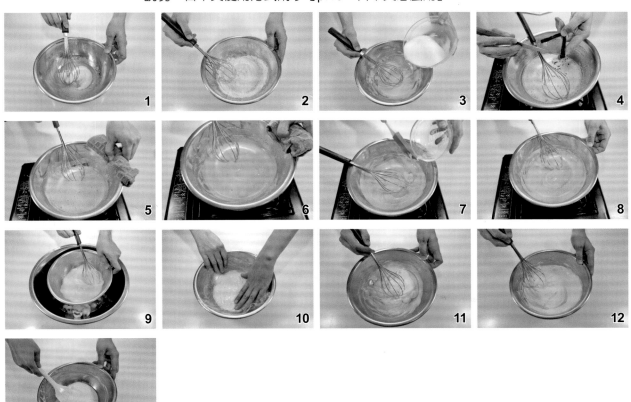

海綿蛋糕的重點……打發、攪拌

海綿蛋糕具有如海綿般的彈性特色，又分成「全蛋式」及「分蛋式」海綿蛋糕，兩種不同的製作方式，重點都在於蛋液的「打發」與麵糊的「攪拌」，其製作過程如下：

全蛋式海綿蛋糕

重點：打發蛋液→拌入麵粉→拌入液體

基本材料

材料	重量
鮮奶	30 克
無鹽奶油	30 克
全蛋	275 克
蛋黃	40 克
細砂糖	150 克
低筋麵粉	150 克

做法

❶ 打發蛋液：將鮮奶與奶油隔水加溫至約 40℃備用，加熱時需用小湯匙邊攪拌（圖 1）。

❷ 將全蛋、蛋黃入盆打散，加入細砂糖，邊隔水加熱邊攪拌至約 40℃後離開熱水（圖 2），再快速打發。

說明 40℃：用手指觸摸蛋液（圖 3），感覺高於尚未加溫時的溫度即可離開熱水。

❸ 繼續用電動攪拌機攪打，開始出現粗泡，氣泡會越來越多（圖 4）。

❹ 快速攪打數分鐘後，蛋液的顏色會變淡，體積會變大（圖 5）。

❺ 持續攪打後，顏色變得更淡，體積變得更大，轉動攪拌機時，蛋糊會隱約出現線條（圖 6）。

❻ 再攪打數分鐘後，成為乳白色的濃稠蛋糊，撈起後滴落的痕跡可以畫出線條，不會立刻下沉（圖 7），最後再以慢速續打約 1 分鐘消除大氣泡（圖 8）。

❼ 拌入麵粉：先篩入約 1/3 分量的麵粉（圖 9），以打蛋器自盆底輕輕地撈拌（圖 10），同時邊轉動攪拌盆邊抖落麵糊，拌勻至無粉粒的細緻麵糊。

❽ 拌勻後才可再篩入剩餘的麵粉，共分 3 次篩完，麵糊拌勻後，再用刮刀從攪拌盆四周及底部確實將麵糊拌勻（圖 11）。

❾ 拌入液體：取少部分的麵糊與做法 1 的液體拌勻（圖 12），再倒回原來的麵糊內（圖 13），以刮刀輕輕拌勻（圖 14）。

❿ 將麵糊倒入烤盤（模）內，用小刮板將麵糊抹平。

1

2

3

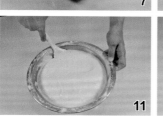

4

5

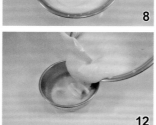

6

7

8

9

10

11

12

13

14

分蛋式海綿蛋糕

重點：蛋黃乳化→打發蛋白→蛋黃、蛋白混合→拌入麵粉→拌入液體

基本材料

鮮奶	35 克
無鹽奶油	45 克
蛋黃	90 克
細砂糖	20 克
蛋白	120 克
細砂糖	60 克
低筋麵粉	90 克

做法

① 鮮奶及無鹽奶油放在同一容器內，隔水加溫至奶油融化成液體備用，加熱時需用小湯匙邊攪拌（圖1）。

② 蛋黃乳化：蛋黃入盆打散，加入細砂糖（圖2），邊隔水加熱邊攪拌至細砂糖融化，約40℃後即離開熱水，繼續攪拌至顏色變淺的濃稠狀（圖3）。

③ 打發蛋白：蛋白以電動攪拌機打至粗泡狀，再分3次加入細砂糖打至9分發，成為細緻滑順的蛋白霜，呈撈起後不滴落並且有小彎勾的狀態（圖4）。

　說明：打發蛋白請參考p.24的「蛋白打發」。

④ 蛋黃、蛋白混合：將做法 ❷ 的蛋黃糊加入做法 ❸ 的蛋白霜內，用橡皮刮刀輕輕拌至8分均勻（圖5）。

⑤ 拌入麵粉：先篩入約1/3分量的麵粉（圖6），用橡皮刮刀輕輕地切入蛋糊內，從盆底刮起，輕輕翻拌成無粉粒的麵糊。

⑥ 拌勻後才可再篩入剩餘的麵粉，共分3次篩完，用刮刀從攪拌盆四周及底部確實將麵糊拌勻（圖7）。

⑦ 拌入液體：取少部分的麵糊加入做法 ❶ 的液體內（圖8），攪拌拌勻（圖9）。

⑧ 再倒回剩餘的麵糊內（圖10），以刮刀輕輕拌勻（圖11）。

⑨ 將麵糊倒入烤盤（模）內，用小刮板將麵糊抹平。

分蛋式可可海綿蛋糕

此為薄片海綿蛋糕的分量，因口感比戚風蛋糕較具彈性，適合用於慕斯蛋糕的墊底，如 p.166 的草莓蕾雅乳酪蛋糕及 p.168 的南瓜酸奶乳酪蛋糕；亦可將材料分量增加，做成較厚的蛋糕片，舖上餡料做成蛋糕卷，或製成 p.152 的迷你黑森林蛋糕亦可。

重點：蛋黃乳化→打發蛋白→蛋黃、蛋白混合→拌入粉料→拌入液體

材料

無鹽奶油	20 克
蛋黃	50 克
細砂糖	15 克
蛋白	80 克
細砂糖	40 克
低筋麵粉	30 克
無糖可可粉	10 克

準備

● 35×25×3 公分的直角烤盤鋪紙。
● 依 p.12 將烤盤鋪紙。
● 可可粉和低筋麵粉混合過篩。

做法

❶ 奶油隔水加熱融化成為液體備用（圖 1），加熱時需用小湯匙或刮刀邊攪拌。

❷ 蛋黃乳化：蛋黃入盆打散，加入細砂糖，邊隔水加熱邊攪拌至細砂糖融化（圖 2），約至 40℃後即離開熱水，繼續攪拌至顏色變淺的濃稠狀（圖 3）。

❸ 打發蛋白：蛋白以電動攪拌機打至粗泡狀，再分 3 次加入細砂糖打至 9 分發，成為細緻滑順的蛋白霜，呈撈起後不滴落並且有小彎勾的狀態（圖 4）。
　說明：打發蛋白請參考 p.24 的「蛋白打發」。

❹ 蛋黃 蛋白混合：將做法 ❷ 的蛋黃液倒入做法 ❸ 的蛋白霜內，用橡皮刮刀輕輕拌至約 8 分均勻（圖 5）。

❺ 拌入粉料：先篩入約 1/3 量的麵粉和可可粉，用橡皮刮刀輕輕地切入蛋糊內，從盆底刮起，輕輕翻拌（圖 6），成為無粉粒的麵糊。

❻ 拌勻後才可以篩入剩餘的麵粉，共分 3 次篩完，用刮刀從攪拌盆四周及底部確實將麵糊拌勻（圖 7）。

❼ 拌入奶油：取少許麵糊加入做法 ❶ 的融化奶油內拌勻（圖 8），再倒回原來的麵糊內（圖 9），以刮刀輕輕攪拌成均勻的可可麵糊（圖 10）。

❽ 將麵糊倒入已舖紙的烤盤內（圖 11），用小刮板將麵糊抹平（圖 12）。

❾ 送入已預熱的烤箱內，以上火 190℃、下火 140℃烤約 8~10 分鐘。取出後立刻撕開邊紙放在網架上冷卻。

烘烤訣竅……靠自己！

市售的烤箱種類眾多，功能與特性也有差異，從兩、三千元的家用烤箱到數萬元的專業烤箱，無論如何都能製作各式糕點；但重點是，不管你家裡的烤箱是陽春型還是專業型，都需在烘烤過程中，多多觀察並了解自己烤箱的特性，隨著不同產品的屬性、大小，甚至產品外觀要求，適時地調整溫度與烘烤時間，久而久之，便能熟練地掌控烘烤技巧。以下的基本原則請注意：

烤模擺放

- 注意間距：如果只烤 1 個蛋糕，則將烤模放在烤箱中間，若 2 個以上則平均擺放，並留出間距，以使每個烤模平均受熱。
- 注意上下空間：家用小烤箱內的空間小，盡量將烤模與上、下電熱管保持平均的距離，如小型的杯子蛋糕，則將杯模放在中層；若是烤體積較大的 6-8 吋蛋糕，則應放烤箱下層，以免麵糊膨脹後距離上方的電熱管太近，以致產品表面烤焦。至於烤平盤蛋糕時，基於上火大、下火小的原則，烤盤擺放在烤箱的上層烘烤。

烤箱溫度與時間

- 烤蛋糕時，一開始的溫度不能過低，否則蛋糕無法快速受熱膨脹定型，蛋糕體麵糊的氣泡就容易消失。
- 6-8 吋蛋糕，所需的烘烤時間較長，使用專業烤箱者，在蛋糕上色後即需適時地降溫，以免蛋糕在烤箱內受熱過劇產生嚴重龜裂。
- 專業烤箱聚溫性良好，一時間難以快速降溫時，則可拉開風門散熱，或用耐熱手套將烤箱的門夾住，使熱氣從縫中稍稍逸出。
- 烤箱無法設定上、下火時，則以書上的上、下火平均溫度烘烤。
- 不可堅守烘烤溫度與時間數據，烘烤時，請依個人的烤箱狀況，適時地調整火候或烘烤時間。

檢視熟度

無論何種蛋糕體，在烘烤完成即將出爐時，有以下判斷熟度的依據需明確掌握：

- 表面具有賣相的色澤。
- 輕拍表面具有彈性。
- 用小刀插入成品中心處，完全不沾黏；但有些乳酪蛋糕品項未必需要完全烤熟，則不在此說明中。

隔水蒸烤……有些產品是需要的！

有些蛋糕的質地屬性應特別濕潤細緻，烘烤時即在烤盤上放入大量的水，以蒸烤方式進行；首先以大火將蛋糕表面烤至上色，再降低溫度慢慢地將蛋糕烤熟，如烘烤過程中，水盤上出現滾沸現象，則可在烤盤上加些冰塊或開烤箱門降溫片刻，讓熱氣散發後再繼續烘烤。例如：p.164 大理石乳酪條、p.174 黑珍珠乳酪蛋糕、p.168 南瓜酸奶乳酪蛋糕及 p.154 舒芙蕾等。

本書中所使用的道具

◀ 電子秤：最小秤重單位為 1 克的電子磅秤，誤差率較小。

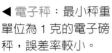

◀
①烤模：20×20 公分
②長形三角模：
　17×6.5×4.5 公分
③貝殼模：5×5 公分
④長方盤：
　18.5×22×5 公分

▶ 鬆餅機：插電式，使用前需先預熱並抹油。

▶
①半球形矽膠模：
　直徑 4.5 公分
②菊花形矽膠模：
　直徑 5.5× 高 4.5 公分

◀
①心形中空活動戚風烤模：
　17 公分
②圓形中空活動戚風烤模：
　17 公分
③橢圓形乳酪蛋糕模
④8 吋斜邊派盤
⑤6 吋圓形活動模

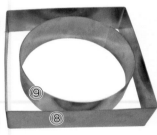

▲
①磁烤盅：內徑 8 公分 × 高 4 公分
②布丁模：內徑 7 公分 × 高 3.5 公分
③高布丁模：內徑 6 公分 × 高 5 公分
④長方形模：9.5×4.5 公分
⑤圓形慕斯框：直徑 6.5 公分 × 高 3.5 公分
⑥橢圓形模：6.5×4.2×3 公分
⑦圓形模框：直徑 5.6 公分 ×1.7 公分
⑧方形框：18.5×18.5 公分
⑨6 吋圓形慕斯框

▲
①直立式打蛋器：可攪拌液體材料或打發蛋液。
②擀麵棍：用以擀麵糰或捲蛋糕。
③橡皮刮刀：用以攪拌麵糊或刮淨容器內的剩餘材料。
④蛋糕脫模刀：方便蛋糕脫模之用。
⑤抹刀：塗抹餡料或霜飾之用。
⑥鋸刀：切蛋糕之用。

◀ 轉檯：方便橫切圓形蛋糕或蛋糕抹面之用。

◀ 蜂蜜蛋糕木框：
內徑 29×19×8 公分

▶ 多用途的鬆餅機：
插電式，附可拆式
煎盤或烤模，如荷
蘭煎餅盤和鯛魚燒
烤模等。

▶
①拋棄式塑膠擠花袋（左透明）
②可重複使用的擠花袋（右白色）
花嘴由上而下依序為：
細長花嘴：擠泡芙內餡專用。
多孔狀蒙布朗專用花嘴
口徑 1 公分平口花嘴
口徑 0.6 公分平口花嘴
齒狀花嘴（大型）：擠奶油霜之用。
齒狀花嘴（小型）：擠星形或貝殼花霜飾之用。
小圓孔花嘴：可擠線條。
③花環狀大花嘴：可擠出大花環形狀的霜飾。

◀①打蛋盆：攪拌麵糊材料或餡
料之用。
②粗孔篩網：過篩麵粉、杏仁
粉或可可粉等粉料之用。
③細孔篩網：過篩糖粉之用。
④塑膠刮板：切麵糰或刮麵糊
之用。

◀①網架：成品出爐後，可放在網架上冷卻。
②5 吋圓形壓模器：可壓出 5 吋蛋糕片作為慕斯墊底之用。
③倒扣蛋糕之用的四腳針架：整顆的蛋糕出爐後立刻倒置刺入針架內冷卻，可防
止蛋糕收縮。
④直徑 3 公分的壓模器：壓蛋糕片或餅乾麵糰之用。
⑤直徑 6.5× 高 3.5 公分的圓形慕斯框：可烤小蛋糕或製作慕斯之用。

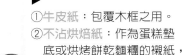

▶ 電動攪拌機：打發蛋白、
蛋液或奶油等材料，省時
省力，極為方便。

▶
①牛皮紙：包覆木框之用。
②不沾烘焙紙：作為蛋糕墊
底或烘烤餅乾麵糰的襯紙，
可防止沾黏以利脫模。
③不沾布：可耐高溫並防
止沾黏。

◀ 烙印模：可燒熱後烙在
蛋糕表面作為裝飾花樣。

▶ 各種紙杯和塑膠杯模：
塑膠製品需注意是否耐高
溫烤焙，一般較適於製作
冷點。

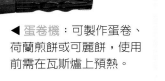

◀ 蛋卷機：可製作蛋卷、
荷蘭煎餅或可麗餅，使用
前需在瓦斯爐上預熱。

◀ 各種紙杯

本書中所使用的材料

▶ 黑芝麻粉：由熟黑芝麻粒研磨而成，製作糕點宜選擇不含糖的芝麻粉。

▶ 熟的白芝麻：加入糕點中可增添香氣。

▶ 熟的黑芝麻：加入糕點中可增添香氣。

◀ ① 麵粉：製作蛋糕和餅乾的主要粉料，低筋麵粉容易結粒，使用前需先過篩。

② 蓬萊米粉：可用來做傳統米食，用於製作蛋糕的成品組織十分細緻可口。

③ 糙米粉：又稱玄米粉，為全粒的生糙米所磨製，含有麩皮與胚芽，為營養豐富的全穀類，除了製作中式點心外，也可製作西點蛋糕或麵包。

④ 純地瓜粉：台灣本土地瓜的天然製品，顆粒狀，非進口的樹薯澱粉，加在糕點裡可以增加彈性與口感。

▶ ① 核桃：中西式糕點常用的堅果，若添加在麵糊或麵糰內，可先預烤 10 分鐘使香氣釋放。

② 松子：中西式糕點常用的堅果，若添加在麵糊或麵糰內，可先預烤 10 分鐘使香氣釋放。

③ 腰果：若添加在麵糊或麵糰內，可先預烤 10 分鐘使香氣釋放。

④ 杏仁片：由整粒的杏仁豆加工切成片狀，烘焙時會產生堅果的甜香。

⑤ 南瓜子：綠色的堅果，口感酥脆。

▶ 抹茶粉：含有天然的兒茶素與礦物質，可增添糕點的風味與色澤。

▶ 杏仁粉：由全粒杏仁豆研磨而成，加入糕點中可增添風味。

▶ 無糖可可粉：含有可可脂，可增添西點的可可風味，使用前需先過篩。

▶ 即溶酵母粉：乾燥的細末狀酵母，不必先泡溫水，容易和粉與水混勻，開封後需密封冷藏。

▶ 吉利 T 粉：又稱為果凍粉或珍珠粉，為海藻膠，素食可用，用來製作果凍或布丁。

▶ 玉米粉：白色的玉米澱粉，可降低蛋糕筋度，使蛋糕組織細緻柔軟。

◀①無鹽奶油：由牛奶提煉而成的天然的油脂，融點低，需冷藏保存。本書不使用有鹽奶油，以避免糕點鹹味過於突顯。

②動物性鮮奶油：由牛奶提煉，經超高溫瞬間殺菌（簡稱UHT），用於慕斯或作為霜飾，相較於人工合成的植物鮮奶油，動物性鮮奶油更天然、化口性佳、風味香醇。坊間亦有調和性鮮奶油，即動物性鮮奶油內含少許植物性的鮮奶油，穩定性高。

③奶油乳酪（Cream Cheese）：牛奶經細菌分解的半發酵新鮮乳酪，常用於製作乳酪蛋糕、西點餡料或慕斯，使用前需取出放在室溫下回軟。

④原味優格： 牛奶發酵而成，呈半固態狀，一般超市可購得。

▶①考特吉起士（Cottage Cheese）：又稱為茅屋乳酪，屬於新鮮乳酪，呈顆粒狀，口感清爽。

②馬斯卡邦起士（Mascarpone Cheese）：義大利的新鮮乳酪，氣味溫和，奶香滑順，一般常用來製作提拉米蘇。

③酸奶（Sour Cream）：又稱為酸奶油，將酵母菌加入奶油中發酵，產生乳酸香味，比一般奶油香味更濃郁；除運用在歐美料理外，也是製作乳酪蛋糕的主要材料。

▶ 紅麴粉：由紅麴及米研磨而成，含有許多天然的有益成分，亦可作為天然的紅色顏料。

▶ 小麥胚芽（生品）：為小麥最精華的部分，含有豐富的膳食纖維和營養素，使用前先乾鍋炒熟或低溫烤至上色，再添加至糕點中。

▶ 蕎麥粉：可買市售品或至雜糧行買生的蕎麥粒自行利用料理機打成粉狀後，即可製作麵點或糕點。

▶ 蕎麥粒：含有豐富的膳食纖維和營養素，並能有效緩解心血管疾病。可煮粥或製作麵食。

▶ 杏仁角：由整粒的杏仁豆加工切成細粒狀，烘焙時會產生堅果的甜香。

▼ ①蘭姆酒（Rum）：酒精濃度 40%，用甘蔗發酵蒸餾釀造的酒類，多用於西點調味。

②味醂（Mirin）：又稱為米霖，由糯米、糖和釀造醋製成，一般作為日本料理的調味品，也適於使用在糕點調味，有提香增甜作用。

③君度酒（Cointreau）：又稱為康圖酒、橙皮酒。酒精濃度 40%，濃郁酒香中帶有橘皮的果香。

④蘋果酒（Calvados）：酒精濃度 40% 的蘋果白蘭地，可用於西點中調味。

▲
①黑餅乾：市售產品，可用於糕點裝飾，也可用於乳酪蛋糕或慕斯的墊底，使用前需把夾心的糖霜刮除。

②奇福餅乾：市售產品，可用於乳酪蛋糕或慕斯的墊底，使用前需把夾心的糖霜刮除。

③長條捲酥：零食或裝飾糕點之用。

▲苦甜巧克力：為免調溫的苦甜巧克力，適用於巧克力飾物製作，如用於p.64的動物派對杯子蛋糕。

▶ 即溶咖啡粉：用以製作咖啡口味的糕點，使用時加入熱水或牛奶調勻即可。

▶ 椰子粉：由椰子果實製成，加工後有不同粗細度，常用於烘焙西點中增加風味。

▶ 海苔粉：撒在糕點表面可增添風味與裝飾之用。

▶ 糖漬橘皮：橘皮經過糖蜜加工而成，加入糕點中可增添口感與香橙的風味。

▶ 桂圓肉：養生滋補食材，添加至糕點中香甜可口。

▶ 葡萄乾：烘焙食品常用的果乾，使用前可先用蘭姆酒泡漬過以增添風味。

▶

①香草莢：又稱香草豆，為天然植物曬乾而成，使用於奶製品可增添香醇的風味，使用前需先剖開豆莢，刮取內部的小籽，再連皮與籽浸泡於奶類中或一同加熱。

②吉利丁片：又稱為明膠片，和吉利丁粉（明膠粉）一樣都是屬於動物膠骨製成的凝結劑，但是市面上的吉利丁粉大多帶有較重的腥味，故本書採用的是吉利丁片。通常使用於慕斯、果凍、布丁或奶酪等。使用前需以加了大量冰塊的冷開水泡軟，再擠乾水分，加入熱液體融化或加熱至 60℃以上即可。

▼

①二砂糖：又稱為赤砂糖或黃砂糖，具天然的蔗糖香味，呈細顆粒狀，可取代細砂糖加入打發的蛋液或麵糊材料中。

②細砂糖：顆粒細小，容易融化，為製作糕點最主要的甜味劑。

③糖粉：白色粉末狀，容易融化，撒在糕點表面可作為裝飾。

④黑糖：富有獨特的焦糖香味，使用前需先過篩；若有經過熬煮為糖漿的手續，則可省略上述過篩的動作。

▼①蜂蜜：加入糕點中具增香並有保濕作用。
　②水麥芽：呈透明狀，加在糕點中具保濕作用；使用時，用手沾水再抓取才不易黏手。

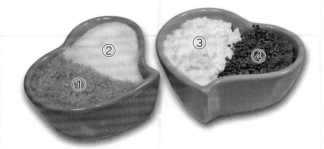

▶ 蔓越莓乾：為進口的果乾，口感微酸帶甜，加入糕點中可增添口感和風味；若顆粒過大，使用前需先切碎。

▲ 各種新鮮蔬果

人見人愛的
美麗糕點！

視覺與味覺的歡愉！

　　記得早年印象，杯子蛋糕（Cup cake）似乎是很家常的糕點，外表樸實、毫無裝飾；但近年來，在美國影集「慾望城市」推波助瀾下，杯子蛋糕成了流行的時尚甜點。劇中女主角在紐約街頭邊聊天邊吃著塗了厚厚糖霜、奶油霜的杯子蛋糕，這樣的畫面深植人心，不僅風靡歐美，這股熱潮也傳到日本和台灣；在東京、台北也出現不少杯子蛋糕專賣店，販售著各式繽紛多彩的杯子蛋糕，無論作為小孩子的點心或下午茶的聚會甜點，深受大家喜愛，同時也是派對甜點和禮物甜點中的熱門品項。

請發揮
個人創意！

利用天然素材，呈現亮麗一面！

　　時下所流行的杯子蛋糕，其特色就是小巧精緻，在「吃巧不吃飽」的原則下，別具巧思的裝飾，更是吸睛所在；其不同的表現風格，可簡約，可優雅，可華貴，可田園，也可童趣，這就是杯子蛋糕討喜之處。

　　然而為了成品的賣相得以呈現繽紛絢麗的樣貌，並顧及霜飾的穩定性，吃過及看過很多的杯子蛋糕，普遍存有的現象，即是表面的霜飾幾乎都染上五顏六色的色素，還以化口性非常差的人造油脂製作；也就是說，杯子蛋糕要是能夠兼具好看又好吃，那就更完美囉！

　　事實證明，本單元的杯子蛋糕不需要化學膨大劑、香精、色素和反式油脂，照樣可以讓蛋糕的美味與造型並存；掌握以下製作杯子蛋糕的三大重點，即能依著食譜範例，隨心所欲完成獨具一格的成品。

利用基本蛋糕體：含分蛋式海綿蛋糕及分蛋式奶油蛋糕兩大類，並變化延伸為其他風味的蛋糕體；這些蛋糕體不僅適合製作裝飾用的杯子蛋糕，就算單吃也非常美味。但為了承載蛋糕上面裝飾物的重量，所以不以戚風蛋糕體來製作。

小註解

　此單元的分蛋式海綿蛋糕不同於一般的分蛋式海綿蛋糕，材料內刻意添加了比例稍高的液體材料，故成品柔軟濕潤，又帶有海綿蛋糕的彈性，極富蛋香與奶味。

　分蛋式奶油蛋糕即重奶油蛋糕（俗稱磅蛋糕，pound cake）的改良版，在不加泡打粉（B.P.）的前提下，改以大量的打發蛋白加入奶油糊中，強化成品組織的鬆軟度；少了奶油蛋糕的厚重感，卻還是保有濃郁香氣與濕潤度。

杯子蛋糕

從紐約到台北的時尚甜點

利用餡料與霜飾： 除了使用新鮮水果作為絕佳的天然「飾品」外，並以無鹽奶油、動物性鮮奶油、奶油乳酪及優格等天然素材製作各種奶油霜，不僅風味自然香醇，化口性佳，也可利用可可粉或抹茶粉當做天然色料，調出不同顏色的奶油霜。

隨興的裝飾： 此外還可充分應用現成的素材，當做杯子蛋糕的裝飾物，像有些具有造型的條狀（或薄片）餅乾、可愛的糖果或加味的爆米花及堅果等，都能瞬間妝點出可愛又討喜的杯子蛋糕，甚至軟綿綿的小顆棉花糖，放一點在杯子蛋糕上，也會有意想不到的效果喔。

最佳賞味

由於霜飾多為乳製品，故裝飾好的杯子蛋糕需冷藏保存，但因本單元的蛋糕體內含有奶油或巧克力，冷藏後會變硬，食用前請先回溫，口感更佳；若不做裝飾，一杯杯的杯子蛋糕即當作「常溫蛋糕」品嚐，當成品冷卻後，密封存放於室溫下，建議待隔天後再食用，蛋糕內的油脂回潤，質地才更加鬆軟可口。

藍莓乳酸杯子蛋糕

參考分量
約20個
直徑5.5×高3.5公分
紙杯模

十分簡單的裝飾手法,呈現低調的華麗感,教人一見傾心!
酸酸甜甜的乳酸奶油霜和甜甜蜜蜜的新鮮藍莓,彼此襯托提味,再搭配鬆軟的
海綿蛋糕一同入口,美妙的滋味在舌尖盪漾。

材料

分蛋海綿蛋糕

鮮奶	35克
無鹽奶油	45克
蛋黃	90克
細砂糖	20克
蛋白	120克
細砂糖	60克
低筋麵粉	90克

乳酸奶油霜

奶油乳酪	80克
無鹽奶油	100克
糖粉	30克
原味優格	45克

裝飾

新鮮藍莓	適量
薄荷葉	適量

準備

● 奶油乳酪及無鹽奶油100克秤好後一同入盆,放在室溫下回溫軟化。

● 糖粉過篩。

● 優格秤好後,先放在冷藏室,待使用前10～15分鐘,再取出放在室溫下回溫。

● 依p.14的「準備擠花袋」說明,準備1個不裝擠花嘴的擠花袋(擠麵糊用)。將口徑約0.8公分的平口擠花嘴裝入另一擠花袋內(擠奶油霜用)

做法 ─────────────────────────────

❶ **分蛋海綿蛋糕**：鮮奶及無鹽奶油放在同一容器內，隔水加溫至奶油融化成液體備用。

❷ 蛋黃入盆打散，加入細砂糖，邊隔水加熱邊用攪拌機攪拌至細砂糖融化，再快速攪拌至顏色變淺的濃稠狀（**圖1**）。

❸ 蛋白以電動攪拌機打至粗泡狀，再分3次加入細砂糖打至9分發，成為細緻滑順的蛋白霜，呈撈起後不滴落並且有小彎勾的狀態（**圖2**）。

❹ 將做法❷的蛋黃糊加入做法❸的蛋白霜內，用橡皮刮刀輕輕拌至8分均勻（**圖3**）。

❺ 分3次篩入低筋麵粉，用橡皮刮刀輕輕地切入蛋糕內，從盆底刮起（**圖4**），翻拌均勻呈無粉粒的麵糊狀。

❻ 取少部分的麵糊加入做法❶的液體內拌勻（**圖5**）。

❼ 再倒回剩餘的麵糊內（**圖6**）。

❽ 以刮刀輕輕拌勻（**圖7**）。

❾ 將麵糊裝入擠花袋內，擠入紙模內約至8分滿（**圖8**）。

❿ 烤箱預熱後，以上火170℃、下火150℃烤約20分鐘至熟，冷卻備用。

⓫ **乳酸奶油霜**：將軟化的奶油和奶油乳酪加入糖粉，先用橡皮刮刀拌合（**圖9**），再用攪拌機快速打發，打至顏色變淡，成為鬆發的奶油乳酪糊後，將原味優格以少量多次的方式慢慢加入奶油糊中（**圖10**），即成乳酸奶油霜（**圖11**）。

⓬ **組合**：將乳酸奶油霜裝入擠花袋內，在蛋糕表面以垂直方式擠出小圓球，呈環狀排列（**圖12**），再放上新鮮藍莓（**圖13**），並以薄荷葉裝飾即可。

這裡也要看

◉ 利用擠花袋擠麵糊，可方便控制分量，若無法取得，則利用小湯匙將麵糊直接舀入紙模內亦可。

參考分量

14個
直徑6×高3.8公分
紙杯模

覆盆子杯子蛋糕

和「藍莓乳酸杯子蛋糕」大同小異的構成元素，都是類似乳酸口味的霜飾，頂多換個新鮮水果，在潔白的空心花環上，放一顆鮮紅欲滴的覆盆子，瞬間轉換成另一種風情，讓小小的杯子蛋糕不同於流俗，一下子就提升了華貴格調。

材料

分蛋海綿蛋糕

鮮奶	35克
無鹽奶油	45克
蛋黃	90克
細砂糖	20克
蛋白	120克
細砂糖	60克
低筋麵粉	90克

原味優格奶油霜

無鹽奶油	160克
糖粉	50克
鮮奶	30克
原味優格	200克

裝飾

新鮮覆盆子	適量
開心果	適量

準備

- 無鹽奶油160克秤好後，放在室溫下回溫軟化。
- 糖粉過篩。
- 優格秤好後，先放在冷藏室，待使用前10～15分鐘，再取出放在室溫下回溫。
- 依p.14的「準備擠花袋」說明，準備1個不裝擠花嘴的擠花袋（擠麵糊用）。將花環狀的大花嘴裝入另一擠花袋內（擠奶油霜用）。
- 開心果切碎。

做法

1. **分蛋海綿蛋糕**：鮮奶和無鹽奶油放在同一容器內，隔水加溫至奶油融化成液體備用。

2. 蛋黃入盆打散，加入細砂糖，邊隔水加熱邊用攪拌機攪拌至細砂糖融化，再快速攪拌至顏色變淺的濃稠狀（**圖1**）。

3. 蛋白以電動攪拌機打至粗泡狀，再分3次加入細砂糖打至9分發，成為細緻滑順的蛋白霜，呈撈起後不滴落並且有小彎勾的狀態（**圖2**）。

4. 將做法❷的蛋黃糊加入做法❸的蛋白霜內，用橡皮刮刀輕輕拌至8分均勻（**圖3**）。

5. 分3次篩入低筋麵粉，用橡皮刮刀輕輕地切入蛋糊內，從盆底刮起（**圖4**），翻拌均勻呈無粉粒的麵糊狀。

6. 取少部分的麵糊加入做法❶的液體內拌勻（**圖5**）。

7. 再倒回剩餘的麵糊內（**圖6**）。

8. 以刮刀輕輕拌勻（**圖7**）。

9. 將麵糊裝入擠花袋，擠入紙杯內約至8分滿（**圖8**）。

10. 烤箱預熱後，以上火170℃、下火150℃烤約20分鐘至熟，冷卻備用。

11. **原味優格奶油霜**：將回軟的奶油加入糖粉，先用橡皮刮刀稍壓，再打發至顏色變淡，成為鬆發狀的奶油糊（**圖9**），再將鮮奶以少量多次的方式慢慢加入快速打勻，最後再分次加入優格繼續快速打勻（**圖10**），即為原味優格奶油霜（**圖11**）。

12. **組合**：將奶油霜裝入擠花袋內，在蛋糕表面以垂直方式擠出花環狀（**圖12**），中央放上新鮮覆盆子，奶油霜周邊沾上開心果碎裝飾即可。

9 10 11 12

8

7

6

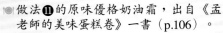

- 做法 **11** 的原味優格奶油霜，出自《孟老師的美味蛋糕卷》一書（p.106）。

- 利用擠花袋擠麵糊，可方便控制分量，若無法取得，則利用小湯匙將麵糊直接舀入紙模內亦可。

- 使用花環狀的大花嘴擠霜飾時，需以垂直方向一口氣擠出，中途不要停頓，花型才會完整，擠好後先往下方稍頓一下，再輕輕地垂直提起花嘴。

這裡也要看

鮮果杯子蛋糕

以當令的新鮮水果製作杯子蛋糕，無疑是大地的恩賜，特別是水果天然的芳香、艷麗的色彩以及酸甜美妙的滋味，加諸在平凡無奇的杯子蛋糕上，強化了視覺與味覺的雙重效果；一杯杯繽紛亮麗的杯子蛋糕，甜蜜的幸福感油然而生。

材料

分蛋海綿蛋糕

鮮奶	35 克
無鹽奶油	45 克
蛋黃	90 克
細砂糖	20 克
蛋白	120 克
細砂糖	60 克
低筋麵粉	90 克

打發鮮奶油

動物性鮮奶油	120 克
細砂糖	15 克

裝飾

奇異果 草莓	適量

準備

● 依 p.14 的「準備擠花袋」說明，準備1個不裝擠花嘴的擠花袋（擠麵糊用）。將齒狀的擠花嘴裝入另一擠花袋內（擠奶油霜用）。

做法

① **分蛋海綿蛋糕**：鮮奶和無鹽奶油放在同一容器內，隔水加溫至奶油融化成液體備用。

② 蛋黃入盆打散，加入細砂糖，邊隔水加熱邊用攪拌機攪拌至細砂糖融化，再快速攪拌至顏色變淺的濃稠狀（**圖1**）。

③ 蛋白以電動攪拌機打至粗泡狀，再分3次加入細砂糖打至9分發，成為細緻滑順的蛋白霜，呈撈起後不滴落並且有小彎勾的狀態（**圖2**）。

④ 將做法❷的蛋黃糊加入做法❸的蛋白霜內，用橡皮刮刀輕輕拌至8分均勻（**圖3**）。

⑤ 分3次篩入低筋麵粉，用橡皮刮刀輕輕地切入蛋糕內，從盆底刮起（**圖4**），翻拌均勻呈無粉粒的麵糊狀。

⑥ 取少部分的麵糊加入做法❶的液體內拌勻（**圖5**）。

⑦ 再倒回剩餘的麵糊內（**圖6**）。

⑧ 以刮刀輕輕拌勻（**圖7**）。

⑨ 將麵糊裝入擠花袋，擠入紙模內約至8分滿（**圖8**）。

⑩ 烤箱預熱後，以上火170℃、下火150℃烤約20分鐘至熟，冷卻備用。

⑪ **打發鮮奶油**：依p.17的「用於裝飾」將鮮奶油隔冰塊水打至濃稠狀，再加入細砂糖續打至不會流動的光澤狀。

⑫ **組合**：將打發的鮮奶油裝入擠花袋內，在蛋糕表面以45度角擠出貝殼花飾，隨意放上切片的草莓和奇異果裝飾即可。

這裡也要看

- 動物鮮奶油打發後，必須隔著冰塊水持續維持低溫狀態（或事先打好冷藏備用，待擠花之前再取出），否則很快會變成水狀，因而影響到擠花的效果。
- 蛋糕表面的霜飾花樣與水果種類，均可自行變化。
- 利用擠花袋擠麵糊，可方便控制分量，若無法取得，則利用小湯匙將麵糊直接舀入紙模內亦可。

參考分量
18個
直徑5.5×高3.5公分
紙杯模

糖漬蘋果杯子蛋糕

一般來說，新鮮水果一旦加熱後，原本美麗的色澤和甜美的口感，似乎會被破壞殆盡；但用於做點心時，就非得讓新鮮水果更加甜美入味，最普遍的方式，就是透過糖漬效果，讓濃縮的香味更深邃迷人，還可避免烘烤時水果滲出水分影響成品；就以這道杯子蛋糕來說，糖漬後的蘋果，簡直就是陽春蛋糕的秘密武器，填入其中的驚喜，讓品嚐者叫好連連喲！

材料

分蛋海綿蛋糕
鮮奶	35克
無鹽奶油	45克
蛋黃	90克
細砂糖	20克
蛋白	120克
細砂糖	60克
低筋麵粉	90克

糖漬蘋果
蘋果	2個（約400g）
細砂糖	50克
蘋果酒（Calvados）	2大匙

乳酸奶油霜
奶油乳酪	40克
無鹽奶油	50克
糖粉	15克
原味優格	20克

裝飾
新鮮葡萄	適量

準備
- 奶油乳酪及無鹽奶油50克秤好後一同入盆，放在室溫下回溫軟化。
- 糖粉過篩。
- 依p.14的「準備擠花袋」說明，準備1個不裝擠花嘴的擠花袋（擠麵糊用）。將小圓孔擠花嘴裝入另一擠花袋內（擠奶油霜用）。

做法

❶ **分蛋海綿蛋糕**：鮮奶和無鹽奶油放在同一容器內，隔水加溫融化成液體備用。

❷ 蛋黃入盆打散，加入細砂糖，邊隔水加熱邊用攪拌機攪拌至細砂糖融化，再快速攪拌至顏色變淺的濃稠狀（圖1）。

❸ 蛋白以電動攪拌機打至粗泡狀，再分3次加入細砂糖打至9分發，成為細緻滑順的蛋白霜，呈撈起後不滴落並且有小彎勾的狀態（圖2）。

❹ 將做法❷的蛋黃糊加入做法❸的蛋白霜內，用橡皮刮刀輕輕拌至8分均勻（圖3）。

❺ 分3次篩入低筋麵粉，用橡皮刮刀輕輕地切入蛋糊內，從盆底刮起（圖4），翻拌均勻呈無粉粒的麵糊狀。

❻ 取少部分的麵糊加入做法❶的液體內拌勻（圖5）。

❼ 再倒回剩餘的麵糊內（圖6）。

❽ 以刮刀輕輕拌勻（圖7）。

❾ 將麵糊裝入擠花袋內，擠入紙杯內約至8分滿（圖8）。

❿ 烤箱預熱後，以上火170℃、下火150℃烤約20分鐘至熟，冷卻備用。

⓫ **糖漬蘋果**：蘋果削皮去芯後切成小塊，放入鍋內加入細砂糖，以中小火慢慢拌炒（圖9），蘋果變軟後，加入蘋果酒（圖10），繼續炒至湯汁收乾即可（圖11），冷卻備用。

⓬ **乳酸奶油霜**：依p.39做法⓫，將乳酸奶油霜製作完成，裝入擠花袋中備用。

⓭ **組合**：用小刀斜插入蛋糕內切一圈（圖12），挖出圓錐形的蛋糕塊，將糖漬蘋果丁填入蛋糕凹處（圖13），再蓋上圓錐形蛋糕塊，表面以乳酸奶油霜擠出線條，放上1顆葡萄裝飾即可。

◎ 裝飾用的葡萄,盡量選用圓形品種,可先在上方切出
交叉3刀至1/2處,再將頂端的皮撕開即可。

◎ 乳酸奶油霜的用量不多,但若減量則不易製作,多餘
的奶油霜可運用於其他款式的杯子蛋糕上做爲霜飾。

◎ 利用擠花袋擠麵糊,可方便控制分量,若無法取得,
則利用小湯匙將麵糊直接舀入紙模內亦可

紫薯蒙布朗杯子蛋糕

蒙布朗（Mont Blanc）為法國知名的甜點，成品外觀披覆著滿滿線條狀的栗子泥，口感綿軟香滑；以這樣的特色，將栗子泥改換成各式薯泥，應該也是合情合理的。

因此，有時候我也會換個感覺，而改用地瓜泥來製作，甚至偶爾發現市場上出現日本種的紫地瓜時，更不會錯過，就像這道豔麗奪目的「紫薯蒙布朗杯子蛋糕」，呈現著蒙布朗該有的招牌線條，口感也不輸給昂貴的栗子泥，只是這樣的機會可遇不可求呢！

參考分量
11個
直徑6×高4公分
紙杯模

材料

分蛋海綿蛋糕

鮮奶	35克
無鹽奶油	45克
蛋黃	90克
細砂糖	20克
蛋白	120克
細砂糖	60克
低筋麵粉	90克

紫薯泥線條

紫色地瓜泥	400克
糖粉	40克
動物性鮮奶油	100克

裝飾

蜜蓮子丁	適量

準備

● 依p.14的「準備擠花袋」說明，準備1個不裝擠花嘴的擠花袋（擠麵糊用）。將多孔狀的擠花嘴裝入另一擠花袋內。

做法

❶ **分蛋海綿蛋糕**：鮮奶和無鹽奶油放在同一容器內，隔水加溫融化成液體備用。

❷ 蛋黃入盆打散，加入細砂糖，邊隔水加熱邊用攪拌機攪拌至細砂糖融化，再快速攪拌至顏色變淺的濃稠狀（**圖1**）。

❸ 蛋白以電動攪拌機打至粗泡狀，再分3次加入細砂糖打至9分發，成為細緻滑順的蛋白霜，呈撈起後不滴落並且有小彎勾的狀態（**圖2**）。

❹ 將做法❷的蛋黃糊加入做法❸的蛋白霜內，用橡皮刮刀輕輕拌至8分均勻（**圖3**）。

❺ 分3次篩入低筋麵粉，用橡皮刮刀輕輕地切入蛋糊內，從盆底刮起（**圖4**），翻拌均勻呈無粉粒的麵糊狀。

❻ 取少部分的麵糊加入做法❶的液體內

拌勻（**圖5**）。

❼ 再倒回剩餘的麵糊內（**圖6**）。

❽ 以刮刀輕輕拌勻（**圖7**）。

❾ 將麵糊裝入擠花袋內，擠入紙杯內約至8分滿（**圖8**）。

❿ 烤箱預熱後，以上火170℃、下火150℃烤約20分鐘至熟，冷卻備用。

⓫ **紫薯泥線條**：將紫色地瓜洗淨，放入烤箱以170℃烤熟（依地瓜大小，烤熟時間不一定），挖出地瓜泥（**圖9**），接著依序加入糖粉及鮮奶油拌勻，過篩成為無顆粒的泥狀（**圖10**）。

⓬ **組合**：將紫薯泥裝入擠花袋內，在蛋糕表面以螺旋方式擠出線條（**圖11**），可隨意撒上蜜蓮子丁及篩上糖粉裝飾。

◉ 紫色地瓜為日本品種，可在日系百貨的超市購得，台灣已有農友引進種植；亦可選擇其他品種的地瓜製作薯泥，效果也不錯。

◉ 也可選用紫色山藥或芋頭製作，但需注意不同品種的甜度與硬度皆有差異，因此細砂糖和鮮奶油的用量需自行拿捏，調好的霜飾需呈滑順細緻狀，同時軟硬度可從擠花嘴順利擠出線條即可。

◉ 處理紫芋泥（或其他根莖類）時，也可先去皮取出需要的用量（400克），切成小塊再蒸熟，蒸後將多餘的水分瀝掉，趁熱壓成泥狀，最後加入80~100克的鮮奶油攪拌均勻即可。

◉ 裝飾用的蜜蓮子，是將新鮮蓮子煮熟，再加入少許的砂糖拌炒入味即可，或直接使用現成的蜜蓮子更為方便。

◉ 利用擠花袋擠麵糊，可方便控制分量，若無法取得，則利用小湯匙將麵糊直接舀入紙模內亦可。

這裡也要看

雙色可可杯子蛋糕

將香滑的奶油霜製成雙色效果,最方便也最討好的調色素材,當然首推可可粉,只不過動點「手腳」而已,便能不費吹灰之力達到更精采的樣貌。我相信這道活潑又充滿趣味的霜淇淋造型,出現眾人眼前時,一定會博得喝采。這麼精緻又討巧的杯子蛋糕,不用懷疑!也一定是孩子的生日派對上,最為搶手的可愛點心。

材料

分蛋可可海綿蛋糕

鮮奶	35 克
無鹽奶油	45 克
蛋黃	90 克
細砂糖	20 克
蛋白	120 克
細砂糖	70 克
低筋麵粉	65 克
無糖可可粉	20 克

奶油霜

無鹽奶油	240 克
糖粉	105 克
鮮奶	80 克
無糖可可粉	20 克

裝飾

巧克力飾片	適量

準備

- 無鹽奶油240克秤好後,放在室溫下回溫軟化。
- 低筋麵粉及可可粉20克放在同一容器內。
- 糖粉過篩。
- 奶油霜內的可可粉20克過篩。
- 依p.14的「準備擠花袋」說明,準備1個不裝擠花嘴的擠花袋(擠麵糊用)。將齒狀的擠花嘴裝入另一擠花袋內(擠奶油霜用)。

做法

① **分蛋可可海綿蛋糕**：鮮奶和無鹽奶油放在同一容器內，隔水加溫融化成液體備用。

② 蛋黃入盆打散，加入細砂糖，邊隔水加熱邊用攪拌機攪拌至細砂糖融化，再快速攪拌至顏色變淺的濃稠狀（**圖1**）。

③ 蛋白以電動攪拌機打至粗泡狀，再分3次加入細砂糖打至9分發，成為細緻滑順的蛋白霜，呈撈起後不滴落並且有小彎勾的狀態（**圖2**）。

④ 將做法②的蛋黃糊加入做法③的蛋白霜內，用橡皮刮刀輕輕拌至8分均勻（**圖3**）。

⑤ 分3次篩入低筋麵粉及可可粉（**圖4**），用橡皮刮刀輕輕地切入蛋糕內，從盆底刮起（**圖5**），翻拌均勻呈無粉粒的麵糊狀。

⑥ 取少部分的麵糊加入做法①的液體內拌勻（**圖6**）。

⑦ 再倒回剩餘的麵糊內（**圖7**）。

⑧ 以刮刀輕輕拌勻。

⑨ 將麵糊裝入擠花袋內，擠入紙杯內約至8分滿（**圖8**）。

⑩ 烤箱預熱後，以上火170℃、下火150℃烤約20分鐘至熟，冷卻備用。

⑪ **奶油霜**：將回軟的奶油加入糖粉，先用橡皮刮刀稍壓（**圖9**），用攪拌機打發至顏色變淡，成為鬆發狀的奶油糊（**圖10**），再將鮮奶以少量多次的方式慢慢加入，快速打勻即成原味奶油霜（**圖11**）。

⑫ 將原味奶油霜取1/2的分量加入20克的可可粉拌勻，即成可可奶油霜。

⑬ **組合**：先用長柄湯匙將原味奶油霜裝入擠花袋的半邊內（**圖12**），再裝入可可奶油霜於另一邊（**圖13**），在蛋糕表面以螺旋方式擠出雙色奶油霜（**圖14**），表面插上巧克力片裝飾即可。

這裡也要看

◉ 巧克力飾片的做法：將免調溫的苦甜巧克力隔水加熱融化成液體，均勻地抹在塑膠片上，冷藏變硬後，隨意掰成小片即可。

◉ 利用擠花袋擠麵糊，可方便控制分量，若無法取得，則利用小湯匙將麵糊直接舀入紙模內亦可。

參考分量
8個
直徑7×高5公分
紙模

和風抹茶杯子蛋糕

抹茶，向來是糕點增色、增味不可或缺的元素，因此特別將杯子蛋糕及搭配的奶油霜，也都調上抹茶口味，裡裡外外的一抹青綠，讓視覺的愉悅感更為提升；當然在入口的瞬間，也讓人滿足，因為這是熟悉甜美的滋味！

材料

分蛋抹茶海綿蛋糕

鮮奶	35克
無鹽奶油	45克
蛋黃	90克
細砂糖	20克
蛋白	120克
細砂糖	60克
低筋麵粉	80克
抹茶粉	10克

抹茶優格奶油霜

無鹽奶油	160克
糖粉	50克
鮮奶	30克
原味優格	200克
抹茶粉	1克（約1小匙）

裝飾

蜜紅豆	適量

準備

- 無鹽奶油160克秤好後，放在室溫下回溫軟化。
- 鮮奶30克及優格200克分別秤好，先放在冷藏室，待使用前10～15分鐘，再取出放在室溫下回溫。
- 低筋麵粉及抹茶粉10克放在同一容器內。
- 糖粉過篩。
- 依p.14的「準備擠花袋」說明，準備1個不裝擠花嘴的擠花袋（擠麵糊之用）。

做法

1. **分蛋抹茶海綿蛋糕**：鮮奶和無鹽奶油放在同一容器內，隔水加溫融化成液體備用。

2. 蛋黃入盆打散，加入細砂糖，邊隔水加熱邊用攪拌機攪拌至細砂糖融化即離開熱水，再快速攪拌至顏色變淺的濃稠狀（**圖1**）。

3. 蛋白以電動攪拌機打至粗泡狀，再分3次加入細砂糖打至9分發，成為細緻滑順的蛋白霜，呈撈起後不滴落並且有小彎勾的狀態（**圖2**）。

4. 將做法❷的蛋黃糊加入做法❸的蛋白霜內，用橡皮刮刀輕輕拌至8分均勻（**圖3**）。

5. 分3次篩入低筋麵粉及抹茶粉，用橡皮刮刀輕輕地切入蛋糕內，從盆底刮起（**圖4**），翻拌均勻呈無粉粒的麵糊狀。

6. 取少部分的麵糊加入做法❶的液體內拌勻（**圖5**）。

7. 再倒回剩餘的麵糊內，以刮刀輕輕拌勻（**圖6**）。

8. 將麵糊裝入擠花袋，擠入紙杯內約至8分滿（**圖7**）。

9. 烤箱預熱後，以上火170℃、下火150℃烤約25分鐘至熟，冷卻備用。

10. **抹茶優格奶油霜**：將回軟的奶油加入糖粉，先用橡皮刮刀稍壓，再用攪拌機或打蛋器打發至顏色變淡，成為鬆發狀的奶油糊（**圖8**），再將鮮奶以少量多次的方式慢慢加入快速打勻，最後再分次加入優格繼續快速打勻（**圖9**），即為原味優格奶油霜（**圖10**）。

11. 將抹茶粉加入原味優格奶油霜內拌勻，即為抹茶優格奶油霜（**圖11**）。

12. **組合**：用湯匙將抹茶優格奶油霜抹在蛋糕表面呈小丘狀，並刮出螺旋紋路（**圖12**），再放上蜜紅豆裝飾即可（**圖13**）。

10

11

12

13

9

8

7

這裡也要看

◉ 做法⑩的抹茶優格奶油霜,即p.40的原味優格奶油霜。

◉ 做法⑩尚未加抹茶粉的原味優格奶油霜,亦可用於其他的杯子蛋糕上,例如p.40的覆盆子杯子蛋糕。

◉ 利用擠花袋擠麵糊,可方便控制分量,若無法取得,則利用小湯匙將麵糊直接舀入紙模內亦可。

◉ 市售抹茶粉因廠牌不同,有時色澤、香味會有所差異,請自行斟酌用量。

古典巧克力杯子蛋糕

參考分量

18 個
直徑 5× 高 3.5 公分
紙模

屬於成人口味的「古典巧克力蛋糕」，香醇中帶點微苦的滋味，把它變成Q版杯子蛋糕，顯得更加小巧精緻，就算沒有花俏的裝飾，仍不失奢華感；濕潤的蛋糕體與滑順的可可奶油霜，交融後的濃郁口感，無論外型怎麼變，都是十足的經典美味。

材料

巧克力蛋糕

動物性鮮奶油	70 克
苦甜巧克力	210 克
無鹽奶油	70 克
蛋黃	80 克
蛋白	160 克
細砂糖	100 克
低筋麵粉	50 克
無糖可可粉	25 克

可可奶油霜

無鹽奶油	120 克
糖粉	50 克
鮮奶	40 克
無糖可可粉	20 克

裝飾

無糖可可粉	適量

準備

● 無鹽奶油 120 克秤好後，放在室溫下回溫軟化。
● 低筋麵粉及可可粉 25 克放在同一容器內，混合過篩。
● 糖粉及可可粉 20 克分別過篩。
● 依 p.14 的「準備擠花袋」說明，準備 1 個不裝擠花嘴的擠花袋（擠麵糊用）。將齒狀的擠花嘴裝入另一擠花袋內（擠奶油霜用）。

做法

① **巧克力蛋糕**：動物性鮮奶油、苦甜巧克力及無鹽奶油放在同一容器內，隔水加溫至巧克力融化（約40℃）（**圖1**）。

② 加入蛋黃，拌成均勻的巧克力蛋黃糊（**圖2**）。

③ 蛋白以電動攪拌機打至粗泡狀，再分3次加入細砂糖打至9分發，成為細緻滑順的蛋白霜，呈撈起後不滴落並且有小彎勾的狀態（**圖3**）。

④ 取約1/3分量的蛋白霜加入做法❷的巧克力蛋黃糊內，用打蛋器（或橡皮刮刀）輕輕拌合（**圖4**），拌至8分均勻後，加入約1/3分量的低筋麵粉及可可粉，輕輕地從盆底刮起翻拌均勻（**圖5**）。

⑤ 再將剩餘的蛋白霜和粉料分別交錯加入，拌成均勻的巧克力麵糊。

⑥ 將巧克力麵糊裝入擠花袋內，擠入紙模內約8分滿（**圖6**）。

⑦ 烤箱預熱後，以上火170℃、下火150℃烤約20分鐘至熟，冷卻備用。

⑧ **可可奶油霜**：將回軟的奶油加入糖粉，先用橡皮刮刀稍壓，再用攪拌機打發至顏色變淡呈鬆發狀的奶油糊（**圖7**），再將鮮奶以少量多次的方式慢慢加入，快速打勻，即成原味奶油霜（**圖8**）。

⑨ 將原味奶油霜加入20克的可可粉拌勻後（**圖9**），即為可可奶油霜（**圖10**）。

⑩ **組合**：將可可奶油霜裝入擠花袋內，在蛋糕表面以垂直方式擠出星形花飾，並篩上適量的可可粉即可。

這裡也要看

◉ 需使用富含可可脂的苦甜巧克力製作，口感及風味較佳。

◉ 巧克力以隔水加熱，融化的同時要邊攪拌，水溫不可過高，如巧克力已八成融化時，即可離開熱水，以餘溫繼續拌勻至全部融化。

◉ 材料中的苦甜巧克力分量極高，因此可可糊較厚重，故將蛋白霜與麵粉分3次交錯方式混合，有助於拌合均勻。

◉ 巧克力蛋黃糊在與蛋白霜拌合時，溫度亦不可過低，一旦巧克力硬化即難以與後續的材料拌合。可在做法❷完成時，隔著40℃的溫水保溫備用。

◉ 利用擠花袋擠麵糊，可方便控制分量，若無法取得，則利用小湯匙將麵糊直接舀入紙模內亦可。

焦糖爆米花杯子蛋糕

對很多媽媽來說,在家裡自製爆米花給孩子吃,應該不算困難,只要花些時間,即能「生產」一堆的爆米花,因此我也經常樂在其中。
希望美味加分的話,建議將爆米花裹上一層焦糖醬,再與杯子蛋糕結合,如此一來,蛋糕的甜美加上爆米花的焦香酥脆,著實讓這款童趣滿滿的杯子蛋糕,擄獲孩子的心喔!

材料

分蛋奶油蛋糕

無鹽奶油	120 克
糖粉	65 克
蛋黃	120 克
蛋白	120 克
細砂糖	65 克
低筋麵粉	120 克

奶油爆米花

無鹽奶油	15 克
乾燥玉米粒	75 克
鹽	少許

太妃焦糖醬

細砂糖	50 克
動物性鮮奶油	35 克

準備

● 無鹽奶油 120 克秤好後,放在室溫下回溫軟化。

● 糖粉及低筋麵粉分別過篩。

● 依 p.14 的「準備擠花袋」說明,準備 1 個不裝擠花嘴的擠花袋(擠麵糊用)及 1 個小型擠花袋(擠焦糖醬用)。

做法

❶ **分蛋奶油蛋糕**：將回軟的奶油加入糖粉，以橡皮刮刀稍壓，用攪拌機打發至顏色變淡（**圖1**），再加入蛋黃打勻（**圖2**）。

❷ 蛋白以電動攪拌機打至粗泡狀，再分3次加入細砂糖打至9分發，成為細緻滑順的蛋白霜，呈撈起後不滴落並且有小彎勾的狀態（**圖3**）。

❸ 取約1/3分量的蛋白霜加入做法❶的蛋黃奶油糊內，用橡皮刮刀輕輕拌合（**圖4**），拌至8分均勻後，加入約1/3分量的低筋麵粉，輕輕地從盆底刮起翻拌均勻（**圖5**）。

❹ 再將剩餘的蛋白霜和粉料分別交錯加入，拌成均勻的麵糊（**圖6**）。

❺ 將麵糊裝入擠花袋內，擠入紙模內約至8分滿（**圖7**）。

❻ 烤箱預熱後，以上火170℃、下火150℃烤約20分鐘至熟，冷卻備用。

❼ **奶油爆米花**：奶油入鍋以中小火加熱至融化，倒入玉米粒拌均勻，蓋上鍋蓋，續以中小火加熱，當玉米粒的爆開聲響起時，每隔約5~10秒要用力搖晃鍋子，直到爆開的聲響減弱時即關火，待完全無聲響時即可掀蓋，趁熱撒上少許鹽拌勻。

❽ **太妃焦糖醬**：依p.151做法❺~❽將太妃焦糖醬製作完成，冷卻後取部分焦糖醬裝入小型擠花袋備用。

❾ **組合**：將爆米花沾取少量焦糖醬，黏在蛋糕表面（**圖8**），並於上方擠上焦糖線條即可（**圖9**）。

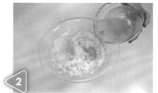

這裡也要看

◉ 爆玉米花時，每5~10秒要搖晃鍋子，是為了使玉米粒受熱平均，以免底部的玉米粒燒焦。

◉ 製作爆米花時，分量過少不好製作，裝飾剩餘的爆米花可當零食，或直接買市售已爆好的爆米花亦可。

◉ 蛋糕表面除了放爆米花外，也可改用烤熟的核桃（核桃先以上、下火150℃烤約10分鐘）。

◉ 利用擠花袋擠麵糊，可方便控制分量，若無法取得，則利用小湯匙將麵糊直接舀入紙模內亦可。

◉ 太妃焦糖醬的分量過少不易製作，如果有剩餘，則可密封冷藏保存，時間約7天，亦可應用在p.150的「荷蘭餅」夾餡用，或當成布丁及奶酪的淋醬。

◉ 分蛋奶油蛋糕屬於常溫蛋糕，而霜飾為乳製品，故裝飾好的杯子蛋糕需冷藏保存，冷藏後蛋糕體會變硬，食用前請先回溫，口感更佳。

香橙乳酪杯子蛋糕

這道杯子蛋糕的蛋糕體，有別於一般常見的奶油蛋糕（磅蛋糕，pound cake），在奶油糊中加入大量的打發蛋白，而使成品的組織特別鬆軟，少了奶油蛋糕的厚重感，卻同時保留該有的濃郁香氣，並以香橙奶油霜妝點出多層次的滋味，至於隨興所至的表面裝飾就悉聽尊便囉！試試看，走一趟超市或大賣場，挑些可愛的餅乾、糖果或棉花糖等，直接為杯子蛋糕打扮一番，也會有意想不到的效果喔！

材料

分蛋奶油蛋糕

無鹽奶油	120 克
糖粉	65 克
蛋黃	120 克
蛋白	120 克
細砂糖	65 克
低筋麵粉	120 克

香橙奶油乳酪霜

奶油乳酪	30 克
無鹽奶油	50 克
糖粉	15 克
柳橙汁	1 小匙
柳橙皮屑	1/2 顆

裝飾

市售的長條捲酥約 8-10 支

準備

- 2 份無鹽奶油（120 克及 50 克）及奶油乳酪分別秤好後，放在室溫下回溫軟化。
- 低筋麵粉及糖粉分別過篩。
- 依 p.14 的「準備擠花袋」說明，準備 1 個不裝擠花嘴的擠花袋（擠麵糊用）及 1 個小型擠花袋（擠奶油乳酪霜用）。

做法

1. **分蛋奶油蛋糕**：將回軟的奶油加入糖粉，以橡皮刮刀稍壓，用攪拌機打發至顏色變淡（**圖1**），再加入蛋黃打勻（**圖2**）。

2. 蛋白以電動攪拌機打至粗泡狀，再分3次加入細砂糖打至9分發，成為細緻滑順的蛋白霜，呈撈起後不滴落並且有小彎勾的狀態（**圖3**）。

3. 取約1/3分量的蛋白霜加入做法❶的蛋黃奶油糊內，用橡皮刮刀輕輕拌合（**圖4**），拌至8分均勻後，加入約1/3分量的低筋麵粉，輕輕地從盆底刮起翻拌均勻（**圖5**）。

4. 再將剩餘的蛋白霜和粉料分別交錯加入，拌成均勻的麵糊（**圖6**）。

5. 將麵糊裝入擠花袋內，擠入紙模內約至8分滿（**圖7**）。

6. 烤箱預熱後，以上火170℃、下火150℃烤約20分鐘至熟，冷卻備用。

7. **香橙奶油乳酪霜**：將軟化的奶油和奶油乳酪加入糖粉，先用橡皮刮刀拌合（**圖8**），再用攪拌機打發至顏色變淡，成為鬆發狀的奶油乳酪糊，再將柳橙汁以少量多次的方式慢慢加入快速打勻（**圖9**），最後刨入柳橙皮屑拌勻，即成香橙奶油乳酪霜（**圖10**）。

8. **組合**：將柳橙奶油乳酪霜裝入擠花袋內，擠出適量於蛋糕表面，並放上市售的長條捲酥裝飾即可。

- 市售的長條捲酥，可改成個人喜愛的其他裝飾物。
- 刨入柳橙皮屑時，需避免刨到白色部分，才不會出現苦澀口感。
- 分蛋奶油蛋糕屬於常溫蛋糕，而霜飾為乳製品，故裝飾好的杯子蛋糕需冷藏保存；冷藏後蛋糕體會變硬，食用前請先回溫，口感更佳。

這裡也要看

彩繪糖霜杯子蛋糕

每個小孩都像嗜甜的小螞蟻，對「糖」的鍾愛程度不言而喻。

因此常用於杯子蛋糕的「糖霜」，就是孩子們的最愛，每次只要我在杯子蛋糕上開始擠糖霜，幾隻「小螞蟻」便立刻圍過來；對於糖霜的接受度，即便是我們大人都會說「甜膩膩」的，但在孩子們的心中，卻是「甜滋滋」的美味呢！

正因如此，和孟老師幾番討論後，實在捨不得放棄「彩繪糖霜杯子蛋糕」，因為給孩子們帶來歡樂，絕對是必要的；事實上，藉由糖霜在蛋糕上的彩繪，足以表現多采多姿的迷人效果，運用你的想像力，擠些夢幻線條、可愛的動物臉譜、花草樹木等，甚至也適合描繪聖誕節的氣氛圖案；總之，天馬行空盡情發揮吧！

材料

分蛋奶油蛋糕

無鹽奶油	120 克
糖粉	65 克
蛋黃	120 克
蛋白	120 克
細砂糖	65 克
低筋麵粉	120 克
碎核桃	60 克

白色糖霜

蛋白	35~40 克
	（約 1 顆）
糖粉	200~210 克
檸檬汁	8 克
	（約 2 小匙）

綠色糖霜

白色糖霜	50 克
抹茶粉	1/4 小匙

粉紅色糖霜

白色糖霜	50 克
草莓果醬	1/4 小匙

準備

- 無鹽奶油 120 克秤好後，放在室溫下回溫軟化。
- 糖粉及低筋麵粉分別過篩。
- 依 p.14 的「準備擠花袋」說明，準備 1 個不裝擠花嘴的擠花袋（擠麵糊用）及 3 個小型擠花袋（擠糖霜用）。
- 碎核桃先以上、下火 150℃烤約 8~10 分鐘備用。

做法

❶ **分蛋奶油蛋糕**：將回軟的奶油加入糖粉，以橡皮刮刀稍壓，用攪拌機打發至顏色變淡（圖1），再加入蛋黃打勻（圖2）。

❷ 蛋白以電動攪拌機打至粗泡狀，再分3次加入細砂糖打至9分發，成為細緻滑順的蛋白霜，呈撈起後不滴落並且有小彎勾的狀態（圖3）。

❸ 取約1/3分量的蛋白霜加入做法❶的蛋黃奶油糊內，用橡皮刮刀輕輕拌合（圖4），拌至8分均勻後，加入約1/3分量的低筋麵粉，輕輕地從盆底刮起翻拌均勻（圖5）。

❹ 再將剩餘的蛋白霜和粉料分別交錯加入，拌成均勻的麵糊（圖6）。

❺ 將烤過的碎核桃加入麵糊內拌勻，將麵糊裝入擠花袋內，擠入紙杯內約至8分滿（圖7）。

❻ 烤箱預熱後，以上火150℃、下火170℃烤約20分鐘至熟，冷卻備用。

❼ **白色糖霜**：將蛋白加入糖粉攪拌均勻，再慢慢加入檸檬汁攪拌至光澤狀（圖8），即成白色糖霜。

❽ 取2份各50克的白色糖霜，分別拌入抹茶粉（圖9）及草莓醬攪拌均勻（圖10），即成綠色糖霜及粉紅色糖霜，將3色糖霜分別裝入小擠花袋內備用（圖11）。

❾ **組合**：將小擠花袋剪出小洞口，在蛋糕表面擠上一層糖霜（圖12），待表面糖霜風乾後，再繪出各種圖案（圖13）。

這裡也要看

- 由於白色糖霜使用抹茶粉及草莓果醬等天然素材調色,濃度或色澤可能有所差異,請自行斟酌添加的用量。

- 由於糖霜內添加大量的糖粉及檸檬汁,即可達到抑菌的效果,因此不必過度擔心生蛋白安全的問題;不過製作時務必選擇新鮮現敲的蛋白,或採用殺菌過的盒裝液體蛋白。

- 糖霜打好後要密封存放,否則一遇到空氣即很快風乾變硬,剩餘的糖霜需密封冷藏,並儘早使用。

- 也可以利用融化的免調溫巧克力擠出黑色線條做彩繪之用。

- 利用擠花袋擠麵糊,可方便控制分量,若無法取得,則利用小湯匙將麵糊直接舀入紙模內亦可。

黑炫風杯子蛋糕

食譜拍照期間，每次輪到杯子蛋糕上陣，心中就燃起一股莫名的愉悅感，連續做了十幾道杯子蛋糕，即便只是幾種蛋糕體反覆製作，但總感覺每次呈現的美感卻大不相同，特別是成品完成時端上桌的剎那，總會聽到大家的讚美聲「好可愛呀！」

是的，就像這道「黑炫風杯子蛋糕」，不需花俏的裝飾，頂多找個能與香滑奶油霜匹配的東西就成了，就像隨處可以買到的巧克力餅乾，也能派上用場喲！

材料

巧克力蛋糕

動物性鮮奶油	70 克
苦甜巧克力	210 克
無鹽奶油	70 克
蛋黃	80 克
蛋白	160 克
細砂糖	100 克
低筋麵粉	50 克
無糖可可粉	25 克

蛋白奶油霜

無鹽奶油	180 克
細砂糖	75 克
水	35 克
蛋白	75 克
細砂糖	15 克

裝飾

市售的巧克力餅乾　適量

準備

- 無鹽奶油 180 克秤好後，放在室溫下回溫軟化。
- 低筋麵粉及可可粉放在同一容器內混合過篩。
- 依 p.14 的「準備擠花袋」說明，準備 1 個不裝擠花嘴的擠花袋（擠麵糊用）。將齒狀的擠花嘴裝入另一擠花袋內（擠奶油霜用）。

做法

❶ **巧克力蛋糕**：動物性鮮奶油、苦甜巧克力及無鹽奶油放在同一容器內，隔水加溫至巧克力融化（約40℃）（**圖1**）。

❷ 加入蛋黃拌成均勻的巧克力蛋黃糊（**圖2**）。

❸ 蛋白以電動攪拌機打至粗泡狀，再分3次加入細砂糖打至9分發，成為細緻滑順的蛋白霜，呈撈起後不滴落並且有小彎勾的狀態（**圖3**）。

❹ 取約1/3分量的蛋白霜加入做法❷的巧克力蛋黃糊內，用打蛋器（或橡皮刮刀）輕輕拌合（**圖4**），拌至8分均勻後，加入約1/3分量的低筋麵粉及可可粉，輕輕地從盆底刮起翻拌均勻（**圖5**）。

❺ 再將剩餘的蛋白霜和粉料分別交錯加入，拌成均勻的巧克力麵糊。

❻ 將巧克力麵糊裝入擠花袋內，擠入紙模內約至8分滿（**圖6**）。

❼ 烤箱預熱後，以上火170℃、下火150℃烤約20分鐘至熟，冷卻備用。

❽ **蛋白奶油霜**：細砂糖加水，以小火加熱煮成糖水（**圖7**）。

❾ 在煮糖水的同時，即用攪拌機開始打發蛋白，蛋白呈粗泡狀後，將細砂糖一次加入繼續攪打，成為細緻的蛋白霜（**圖8**）。

❿ 做法❽的糖水煮至118~120℃的糖漿即熄火。

⓫ 稍微搖動鍋子使糖漿溫度平均，再慢慢沖入蛋白霜內，邊倒糖漿邊攪打（**圖9**）。

⓬ 持續攪打至蛋白霜完全降溫，呈光滑鬆發狀，即為義大利蛋白霜（**圖10**）。

⓭ 將軟化的奶油加入蛋白霜中（**圖11**），繼續用快速攪拌至鬆發狀，即呈光滑細緻的蛋白奶油霜（**圖12**）。

⓮ **組合**：將蛋白奶油霜裝入擠花袋內，在蛋糕表面以垂直方式擠出螺旋花飾（**圖13**），最後插上巧克力餅乾裝飾即可。

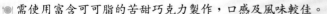

這裡也要看

◉ 需使用富含可可脂的苦甜巧克力製作，口感及風味較佳。

◉ 做法❽～⓭的蛋白奶油霜，出自《孟老師的美味蛋糕卷》一書（p.28~29）。

◉ 利用擠花袋擠麵糊，可方便控制分量，若無法取得，則利用小湯匙將麵糊直接舀入紙模內亦可。

◉ 此蛋糕常溫食用最美味，可冷藏以延長保存期限；因加了巧克力和奶油，冷藏後蛋糕體會變硬，食用前請先回溫，口感更佳。

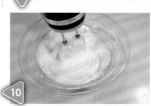

參考分量
6 個
直徑 6.5 × 高 4.5 公分
紙模

繽紛聖誕杯子蛋糕

當紅色遇見綠色，似乎就洋溢著繽紛歡樂的聖誕氣氛，選個紅配綠的紙杯，設計個紅配綠的裝飾；這樣的杯子蛋糕，忍不住要說：「好聖誕節喔！」

既然稱作「繽紛聖誕杯子蛋糕」，那麼就得具備豐富、熱鬧以及歡樂的意境，於是異於往常，鬆軟的奶油蛋糕內，我加了酸甜的蜜漬果乾，表面也精心擠上幾朵雪花、聖誕樹及聖誕襪……等；這麼可愛的應景點心，也是絕佳的聖誕禮物呢！

材料

分蛋奶油蛋糕

無鹽奶油	120 克
糖粉	65 克
蛋黃	120 克
蛋白	120 克
細砂糖	65 克
低筋麵粉	120 克
糖漬橘皮丁	30 克
蔓越莓乾	30 克

優格奶油霜

無鹽奶油	160 克
糖粉	50 克
鮮奶	30 克
原味優格	200 克
抹茶粉	1 克（約 1 小匙）

裝飾

紅醋栗	適量

準備

- 無鹽奶油 120 克及 160 克分別秤好後，放在室溫下回溫軟化。
- 鮮奶 30 克及優格 200 克分別秤好後，先放在冷藏室，待使用前 10~15 分鐘，再取出放在室溫下回溫。
- 低筋麵粉及糖粉分別過篩。
- 蔓越莓乾切碎。
- 依 p.14 的「準備擠花袋」說明，準備 1 個不裝擠花嘴的擠花袋（擠麵糊用）。將 2 個齒狀的擠花嘴分別裝入 2 個擠花袋內（擠奶油霜用）。

做法

❶ **分蛋奶油蛋糕**：將回軟的奶油加入糖粉，以橡皮刮刀稍壓，用攪拌機打發至顏色變淡（**圖1**），加入蛋黃打勻（**圖2**）。

❷ 蛋白以電動攪拌機打至粗泡狀，再分 3 次加入細砂糖打至 9 分發，成為細緻滑順的蛋白霜，呈撈起後不滴落並且有小彎勾的狀態（**圖3**）。

❸ 取約 1/3 分量的蛋白霜加入做法❶的蛋黃奶油糊內，用橡皮刮刀輕輕拌合（**圖4**），拌至 8 分均勻後，加入約 1/3 分量的低筋麵粉，輕輕地從盆底刮起翻拌均勻（**圖5**）。

❹ 再將剩餘的蛋白霜和粉料分別交錯加入，拌成均勻的麵糊（**圖6**）。

❺ 將橘皮丁及蔓越莓乾加入麵糊內（**圖7**），將麵糊裝入擠花袋，擠入紙模內約至 8 分滿（**圖8**）。

❻ 烤箱預熱後，以上火 170℃、下火 150℃烤約 25~30 分鐘至熟，冷卻備用。

❼ **優格奶油霜**：將回軟的奶油加入糖粉，先用橡皮刮刀稍壓，再打發至顏色變淡，成為鬆發狀的奶油糊（**圖9**），再將鮮奶以少量多次的方式慢慢加入快速打勻，再分次加入優格快速打勻（**圖10**），即為原味優格奶油霜（**圖11**）。

❽ 取 1/2 分量原味奶油霜加入抹茶粉拌勻，即為抹茶優格奶油霜（**圖12**），將 2 種奶油霜分別裝入 2 個擠花袋內。

❾ **組合**：在蛋糕表面擠出優格奶油霜，並以紙片刮出弧度（**圖13**），再依喜好配色，擠出星形花飾，放上紅醋栗，撒糖粉裝飾即可。

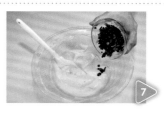

材料中的糖漬橘皮丁及蔓越莓乾，可自行搭配改用泡過酒的葡萄乾或其他各類果乾。

利用擠花袋擠麵糊，可方便控制分量，若無法取得，則利用小湯匙將麵糊直接舀入紙模內亦可。

動物派對杯子蛋糕

杯子蛋糕上可愛的動物造型，是發想自兒子年幼時愛吃的「小鼠塔」，但不知為何在住家附近的蛋糕店，近幾年再也不見販售。印象中，「小鼠塔」的口感並不佳，可是動物造型的點心，總是擄獲孩子的心，兒子小拉拉常常吵著要買。

後來我把小老鼠的頭像移到杯子蛋糕上，並且做了更多種類的造型，像是粉紅豬、小兔子、企鵝及貓熊……等，熱鬧非凡，非常討人喜歡，小拉拉要上國中了，依然和妹妹搶著吃，就連我自己也是，在製作的同時，一直保持嘴角上揚狀態，很開心呢！

我曾經試過各種口味的奶油霜和這道小蛋糕作結合，其中要以蛋白奶油霜最為清爽，化口性極佳，蛋糕上披覆的又是巧克力，簡直是人見人愛！

材料

分蛋奶油蛋糕

無鹽奶油	120 克
糖粉	65 克
蛋黃	120 克
蛋白	120 克
細砂糖	65 克
低筋麵粉	120 克

蛋白奶油霜

無鹽奶油	180 克
細砂糖	75 克
水	35 克
蛋白	75 克
細砂糖	15 克

披覆巧克力

白巧克力	適量
苦甜巧克力	適量

準備

- 無鹽奶油 120 克及 180 克分別秤好後，放在室溫下回溫軟化。
- 糖粉及低筋麵粉分別過篩。
- 依 p.14 的「準備擠花袋」說明，準備 1 個不裝擠花嘴的擠花袋（擠麵糊用）、將口徑 1 公分的平口擠花嘴裝入擠花袋內（擠巧克力用）。

做法

1. **分蛋奶油蛋糕**：將回軟的奶油加入糖粉，以橡皮刮刀稍壓，打發至顏色變淡（**圖1**），再加入蛋黃打勻（**圖2**）。

2. 蛋白以電動攪拌機打至粗泡狀，再分3次加入細砂糖打至9分發，成為細緻滑順的蛋白霜，呈撈起後不滴落並且有小彎勾的狀態（**圖3**）。

3. 取約1/3分量的蛋白霜加入做法❶的蛋黃奶油糊內，用橡皮刮刀輕輕拌合（**圖4**），拌至8分均勻後，加入約1/3分量的低筋麵粉，輕輕地從盆底刮起翻拌均勻（**圖5**）。

4. 再將剩餘的蛋白霜和粉料分別交錯加入，拌成均勻的麵糊（**圖6**）。

5. 將麵糊裝入擠花袋，擠入紙模內約至8分滿（**圖7**）。

6. 烤箱預熱後，以上火170℃、下火150℃烤約20分鐘至熟，冷卻備用。

7. **蛋白奶油霜**：依p.61做法❽～❽將蛋白奶油霜製作完成。

8. **組合**：將蛋白奶油霜裝入擠花袋內，在蛋糕表面擠少許奶油霜稍抹平後（**圖8**），再擠出2球奶油霜（**圖9**），接著冷藏至奶油霜凝固定型。

9. 將黑、白巧克力分別切碎並隔水融化，取少許白巧克力液加入草莓果醬調成粉紅色的巧克力液，將3種顏色的巧克力液分別裝入小型擠花袋內，在塑膠板上（或烘焙紙上）擠出各類小動物的眼睛、耳朵及鼻子等（**圖10**），冷藏定型備用。

10. 將奶油球表面沾上融化的巧克力液（**圖11**），再黏上各類動物的眼、耳、鼻等（**圖12**），並點上眼珠即可。

這裡也要看

- 做法 **7** 的蛋白奶油霜，出自《孟老師的美味蛋糕卷》一書（p.28~29）。
- 做法 **9** 披覆用的黑、白巧克力，使用免調溫的巧克力製作即可。
- 巧克力隔熱水融化時要注意溫度不可過高，以免油水分離；裝飾過程中，巧克力會慢慢變硬，再隔水融化即可使用。
- 為小動物黏上五官時，宜用夾子夾取，並沾取少量的巧克力液，以利黏合。
- 利用擠花袋擠麵糊，可方便控制分量，若無法取得，則利用小湯匙將麵糊直接舀入紙模內亦可。

不同的
味蕾體驗！

從麵粉到米粉！

2年前我大病初癒，隨即到八里穀研所進修，雖然當時體力很差，不過值得開心的是，課堂上學到了蓬萊米粉所做的原味蛋糕卷，美味程度教人大為驚艷。蓬萊米粉所做的戚風蛋糕，組織比一般麵粉所做的質地更輕盈，口感更綿細濕潤。吃過蓬萊米做的戚風蛋糕，你會很感動：原來我們台灣在地的米食素材，也可以做出如此美味的蛋糕，這是麵粉製品所無法企及的！

後來我把製作心得貼在部落格和網友們分享，也引起廣大的迴響，於是開啟了我鑽研米製蛋糕之門。在這過程中，又在網路上認識一位網友農夫，他了解我對研發米製點心的投入，還特意將自產自銷的蓬萊米和糙米研磨成的米粉，寄給我試做蛋糕。尤其全粒糙米研磨而成的「糙米粉」，還含有麩皮和胚芽油，比白麵粉、蓬萊米粉更營養，做出的蛋糕成品，與蓬萊米粉製品同等美味。但考量全粒米所磨製的米粉不是那麼方便取得，故本書仍使用「市售的包裝蓬萊米粉」。

要注意的是，食譜中所使用的蓬萊米粉、糙米粉和蕎麥粉，皆屬於「生的穀粉」，皆不可以等量的「熟穀粉」代替，因為穀類經過熟製後，其黏性和吸水性已經改變。總之，各類即沖即食的熟穀粉不適合當做蛋糕主料，但作為添加性的材料，則另有不同的提味意義。

書中的戚風蛋糕與一般戚風蛋糕相較，均降低不少油脂和糖量，但蛋白用量稍高，吃起來更為清爽無負擔。材料中的沙拉油，均可以其他液體植物油代替；鮮奶亦可用豆漿或其他液體代替，但是需注意各類液體的濃稠度不同，請酌量調整。若使用全穀粒所磨的生粉，吸水量也會因新舊穀和品種不同而有所差異，故配方內的水量或鮮奶用量為參考值，請視粉糊的軟硬度斟酌調整。

附上麵粉做的
戚風蛋糕！

同場加映

唯恐有些讀者一時買不到蓬萊米粉或糙米粉，因此在每一道米製戚風蛋糕之後，都附有「同場加映」，即以低筋麵粉的傳統做法列出食譜。但需注意，麵粉和蓬萊米粉的吸水性相差甚大，兩者麵糊的油水配比、攪拌程序，甚至成品膨脹度也略有差別，大家不妨試做比較一番。

此外，在來米的吸水性亦不同於蓬萊米，在相同的水量之下，在來米粉所做的糕點比蓬萊米粉的製品更易老化，口感亦不如蓬萊米粉，故本書材料中的蓬萊米粉，不建議以「在來米粉」代替。

還有書中所有的戚風蛋糕均使用中空形的活動烤模，可方便烤箱內的熱度對流，讓麵糊受熱均勻，進而烤出組織均勻的成品。

2 戚風蛋糕

新食感的米製蛋糕

最佳賞味

　　為了品嚐戚風蛋糕的單純滋味，所有成品均未塗抹奶油霜或額外的配料，從原味到各式加味的戚風蛋糕，都各有不同的味蕾體驗：無論冷藏或以常溫狀態品嚐，兩者皆宜，但由於戚風蛋糕的濕潤度較高，存放於室溫下時，需儘快在一、二天內食用較妥。

蓬萊米戚風蛋糕

這款「蓬萊米戚風蛋糕」可視為本書中米製戚風蛋糕的基本款，以最基本的材料呈現耐人尋味的口感體驗。用蓬萊米粉做戚風蛋糕，你八成沒做過也沒吃過，那麼所有的好奇與驚喜，就從這兒揭開序幕吧！

材料

蛋黃	100 克
鮮奶	45 克
沙拉油	35 克
蘭姆酒	8 克（約 2 小匙）
生蓬萊米粉	120 克
蛋白	250 克
細砂糖	130 克

準備

- 蓬萊米粉過篩。
- 鮮奶、沙拉油和蘭姆酒放在同一容器內。

做法

1. 蛋黃入盆打散後，加入鮮奶、沙拉油及蘭姆酒攪拌均勻（圖1）。
2. 加入蓬萊米粉（圖2），攪拌成均勻的粉糊（圖3）。
3. 蛋白以電動攪拌機打至粗泡狀，再分3次加入細砂糖打至9分發，成為細緻滑順的蛋白霜，呈撈起後不滴落並且有小彎勾的狀態（圖4）。
4. 取約1/3分量的蛋白霜加入做法❷的粉糊中（圖5），用打蛋器輕輕拌勻。
5. 再倒回剩餘的蛋白霜內（圖6），用橡皮刮刀輕輕拌勻（圖7）。
6. 將粉糊分別倒入2個烤模內（圖8），並用刮刀將粉糊表面稍微抹平。
7. 雙手拿起烤模，拇指壓住中心頂部，在桌面上輕敲2下（圖9），震除大氣泡。
8. 烤箱預熱後，以上火180℃、下火180℃先烤約10分鐘至上色後，改成上火150℃、下火170℃，續烤約15~20分鐘。
9. 出爐後立刻將蛋糕懸空倒扣至冷卻（圖10）。
10. 以小刀緊貼著烤模內壁刮一圈（圖11），再劃開中心處（圖12），接著緊貼著烤模底部劃開即可脫模（圖13）。

這裡也要看

- 麵糊內以蘭姆酒提味並可去除蛋腥味，其效果更優於化學香草精，也可以君度酒代替。
- 沙拉油可以其他液態的植物油代替，例如：葵花油或葡萄籽油。
- 如改成黑糖口味，只要將材料中的細砂糖改成黑糖150克（過篩後）即可，其餘的材料、用量及做法同上；黑糖用量比細砂糖稍高，以增添黑糖香氣。黑糖因廠牌不同，品質不一，有時會影響蛋白的打發性，若有此情形，請更換別的廠牌製作。
- 上下火無法調溫的家用小烤箱，請用170~180℃烤約30~35分鐘；烘烤過程中，如麵糊表面已達上色狀態，需適時地蓋上鋁箔紙。
- 做法❿的脫模方式，另請參考p.23的「脫模方式」方法一。

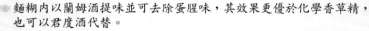
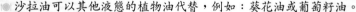

同場加映

用麵粉做的→原味戚風蛋糕

參考分量

2個

17公分中空活動戚風烤模

材料

鮮奶	65克
沙拉油	40克
蘭姆酒	8克(約2小匙)
低筋麵粉	100克
蛋黃	100克
蛋白	240克
細砂糖	120克

準備

● 低筋麵粉過篩。

● 鮮奶、沙拉油和蘭姆酒放在同一容器內。

做法

① 鮮奶、沙拉油、蘭姆酒及低筋麵粉攪拌均勻。

② 加入蛋黃攪拌成均勻的蛋黃麵糊。

③ 依上述做法 ❸ 將蛋白打至9分發的蛋白霜。

④ 依上述做法 ❹~❺ 將蛋黃麵糊與蛋白霜拌勻。

⑤ 依上述做法 ❻~❿ 將麵糊倒入烤模內 將成品烘烤完成。

香橙蓬萊米戚風蛋糕

香橙口味的戚風蛋糕，稱得上家常口味，初期開始學戚風蛋糕時，發現很多食譜都以「橘子水」作為液態材料，其實就是罐頭類的加工品；自己做蛋糕當然要用現榨的新鮮柳橙汁，但蓬萊米粉的吸水性不高，因此材料中那麼一丁點的柳橙汁，其實在風味上發揮不了多少效果，反而需要借重橙皮、橙酒及桔皮丁的香氣來提味；同樣的，同屬柑桔類的其他水果，也能比照辦理喲！

參考分量

2 個
17 公分中空活動戚風
烤模

材料

蛋黃	100 克
新鮮柳橙汁	40 克
沙拉油	35 克
君度酒	1 大匙
生蓬萊米粉	120 克
蛋白	250 克
細砂糖	125 克
糖漬橘皮丁	80 克

準備

- 蓬萊米粉過篩。
- 將新鮮柳橙榨出果汁，與沙拉油及香橙酒放在同一容器內。

做法

① 蛋黃入盆打散後，加入柳橙汁、沙拉油及君度酒攪拌均勻（**圖1**）。

② 加入蓬萊米粉（**圖2**），攪拌成均勻的粉糊（**圖3**）。

③ 蛋白以電動攪拌機打至粗泡狀，再分3次加入細砂糖打至9分發，成為細緻滑順的蛋白霜，呈撈起後不滴落並且有小彎勾的狀態（**圖4**）。

④ 取約1/3分量的蛋白霜加入做法②的粉糊中（**圖5**），用打蛋器輕輕拌勻。

⑤ 再倒回剩餘的蛋白霜內（**圖6**），用橡皮刮刀輕輕拌勻。

⑥ 將糖漬橘皮丁加入粉糊內（**圖7**），用刮刀輕輕拌勻。

⑦ 將粉糊分別倒入2個烤模內（依p.69圖8），並用刮刀將粉糊表面稍微抹平。

⑧ 雙手拿起烤模，拇指壓住中心頂部，在桌面上輕敲2下（依p.69圖9），震除大氣泡。

⑨ 烤箱預熱後，以上火180℃、下火180℃先烤約10分鐘至上色後，改成上火150℃、下火170℃，續烤約15~20分鐘。

⑩ 出爐後立刻將蛋糕懸空倒扣至冷卻（依p.69圖10）。

⑪ 以小刀緊貼著烤模內壁刮一圈（依p.69圖11），再劃開中心處（依p.69圖12），接著緊貼著烤模底部劃開即可脫模（依p.69圖13）。

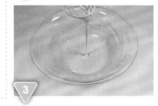

同場加映

用麵粉做的→香橙戚風蛋糕

這裡也要看

◉ 可刨一顆柳橙皮屑加入粉糊內以增添香氣，不過磨皮時要小心，不要磨到白色的部分，否則蛋糕會出現苦味。

◉ 上下火無法調溫的家用小烤箱，請用170~180℃烤約30~35分鐘；烘烤過程中，如麵糊表面已達上色狀態，需適時地蓋上鋁箔紙。

參考分量

2個
17公分中空活動戚風烤模

材料

柳橙汁	60克
沙拉油	40克
君度酒	1大匙
低筋麵粉	100克
蛋黃	100克
蛋白	240克
細砂糖	120克

準備

● 低筋麵粉過篩。

● 柳橙汁、沙拉油和君度酒放在同一容器內。

● 刨下1顆柳橙皮屑備用。

做法

① 柳橙汁、沙拉油、君度酒及低筋麵粉攪拌均勻。

② 加入蛋黃攪拌成均勻的柳橙蛋黃麵糊。

③ 依上述做法③將蛋白打至9分發的蛋白霜。

④ 依上述做法④~⑤將蛋黃麵糊與蛋白霜拌勻。

⑤ 加入糖漬橘皮和柳橙皮屑拌勻。

⑥ 依上述做法⑦~⑪將麵糊倒入烤模內，將成品烘烤完成。

巧克力蓬萊米戚風蛋糕

假如我說：「所有的孩子都喜歡巧克力口味的點心」，不知道你同不同意？

但至少我家的孩子就是如此，每當小拉拉放學後，常常帶同學回家，只要看到家裡出現巧克力蛋糕時，都會發出一陣歡呼聲，即使單純如「巧克力蓬萊米戚風蛋糕」，他們也照樣吃得很樂。

延續「蓬萊米戚風蛋糕」的優點，又多了一份可可的香醇，不需夾餡、不用額外的霜飾，就夠迷人囉！

參考分量

2個
17公分中空活動戚風
烤模

材料

鮮奶	70克
沙拉油	40克
無糖可可粉	30克
蛋黃	100克
蘭姆酒 8克（約2小匙）	
生蓬萊米粉	90克
蛋白	250克
細砂糖	150克

準備

● 可可粉及蓬萊米粉分別
　過篩。

做法

① 鮮奶和沙拉油以小火加熱至微微冒泡即熄火，加入可可粉攪拌均勻（**圖1**）。

② 加入蛋黃攪拌均勻（**圖2**），加蘭姆酒攪拌均勻（**圖3**）。

③ 加入蓬萊米粉（**圖4**），攪拌成均勻的可可粉糊（**圖5**）。

④ 蛋白以電動攪拌機打至粗泡狀，再分3次加入細砂糖打至9分發，成為細緻滑順的蛋白霜，呈撈起後不滴落並且有小彎勾的狀態（**圖6**）。

⑤ 取約1/3分量的蛋白霜加入做法❸的可可粉糊中（**圖7**），用打蛋器輕輕拌勻（**圖8**）。

⑥ 再倒回剩餘的蛋白霜內（**圖9**），再用橡皮刮刀輕輕拌勻（**圖10**）。

⑦ 將粉糊分別倒入2個烤模內（**圖11**），並用刮刀將粉糊表面稍微抹平。

⑧ 雙手拿起烤模，拇指壓住中心頂部，在桌面上輕敲2下（依p.69圖9），震除大氣泡。

⑨ 烤箱預熱後，以上火180℃、下火180℃先烤約10分鐘至上色後，改成上火150℃、下火170℃，續烤約15~20分鐘。

⑩ 出爐後立刻將蛋糕懸空倒扣至冷卻（依p.69圖10）。

⑪ 以小刀緊貼著烤模內壁刮一圈（依p.69圖11），再劃開中心處（依p.69圖12），接著緊貼著烤模底部劃開即可脫模（依p.69圖13）。

- ◎ 蘭姆酒也可以君度酒代替。
- ◎ 可可粉比米粉輕，先將可可粉與加熱過的油水先混勻，才易於與麵糊拌勻；而且可可粉經過油解後，香氣會更凸顯。
- ◎ 上下火無法調溫的家用小烤箱，請用170~180℃烤約30~35分鐘；烘烤過程中，如麵糊表面已達上色狀態，需適時地蓋上鋁箔紙。
- ◎ 做法❻的麵糊還可加些巧克力碎塊或巧克力豆（如同場加映的做法❹），也可依個人喜好添加堅果以增加口感。

這裡也要看

同場加映

用麵粉做的→巧克力戚風蛋糕

參考分量

2個

17cm 中空活動戚風烤模

材料

材料	分量
鮮奶	95 克
沙拉油	40 克
無糖可可粉	25 克
低筋麵粉	100 克
蛋黃	100 克
蘭姆酒	8 克（約2小匙）
蛋白	240 克
細砂糖	140 克
苦甜巧克力	80 克

準備

- ● 將巧克力切碎如黃豆般的大小（或以耐烤巧克力豆代替，口感和香氣不同）。
- ● 可可粉及低筋麵粉分別過篩。
- ● 鮮奶、沙拉油放在同一容器內。

做法

① 鮮奶和沙拉油加熱至微微沸騰後熄火，加入可可粉拌勻，再加入蛋黃拌勻，最後加入蘭姆酒及低筋麵粉攪拌成均勻的可可麵糊。

② 依上述做法 ❹ 將蛋白打至9分發的蛋白霜。

③ 依上述做法 ❺~❻ 將可可麵糊與蛋白霜拌勻。

④ 將巧克力碎加入麵糊中拌勻。

⑤ 依上述做法 ❼~⑪ 將麵糊倒入烤模內，將成品烘烤完成。

抹茶蓬萊米戚風蛋糕

蕎麥所含的營養成分很高，有豐富的膳食纖維、維生素和多種微量元素，因為是好東西，我們家常常煮蕎麥麵當正餐，以蕎麥粉製成的蛋糕亦符合養生概念，搭配抹茶粉和白芝麻，淡雅的抹茶清香，帶著一點日式風情；品嚐時，偶爾迸出的蔓越莓果乾，微酸微甜的滋味讓樸實的蛋糕有了新意。

參考分量

2 個
17 公分中空活動戚風
烤模

材料

材料	分量
抹茶粉	15 克
熱水	120 克
沙拉油	40 克
蛋黃	100 克
蘭姆酒	8 克（約 2 小匙）
生蓬萊米粉	70 克
生蕎麥粉	50 克
蛋白	250 克
細砂糖	125 克
蔓越莓乾	60 克
熟的白芝麻	15 克

準備

- 抹茶粉及蕎麥粉分別過篩。
- 蔓越莓乾切碎（或剪碎）。
- 熟的白芝麻放入塑膠袋中，用擀麵棍擀破。

做法

❶ 抹茶粉先以少許的熱水調勻（圖1），再加入剩餘的熱水、沙拉油、蛋黃及蘭姆酒拌勻（圖2）。

❷ 加入蓬萊米粉及蕎麥粉（圖3），攪拌成均勻的抹茶粉糊（圖4）。

❸ 蛋白以電動攪拌機打至粗泡狀，再分3次加入細砂糖打至9分發，呈細緻滑順的蛋白霜，撈起後不滴落並且有小彎勾的狀態（圖5）。

❹ 取約1/3分量的蛋白霜加入做法❷的抹茶粉糊中，用打蛋器輕輕拌勻（圖6）。

❺ 再倒回剩餘的蛋白霜內（圖7），再用橡皮刮刀輕輕拌勻（圖8）。

❻ 加入蔓越莓乾及白芝麻粒拌勻（圖9）。

❼ 將麵糊分別倒入2個烤模內（圖10），並用刮刀將麵糊表面抹平（圖11）。

❽ 雙手拿起烤模，拇指壓住中心頂部，在桌面上輕敲2下（依p.69圖9），震除大氣泡。

❾ 烤箱預熱後，以上火180℃、下火180℃先烤約10分鐘至上色後，改成上火150℃、下火170℃，續烤約15~20分鐘。

❿ 出爐後立刻將蛋糕懸空倒扣至冷卻（依p.69圖10）。

⓫ 以小刀緊貼著烤模內壁刮一圈（依p.69圖11），再劃開中心處（依p.69圖12），接著緊貼著烤模底部劃開即可脫模（依p.69圖13）。

◉ 蔓越莓乾也可用泡過酒的葡萄乾代替，或隨個人喜好改成其他配料如蜜紅豆等。
◉ 除了使用已烤熟的白芝麻外，也可將生的白芝麻放入乾鍋或烤箱中，以小火炒（烤）至膨脹上色；使用前先擀破，香氣才易釋放。
◉ 現成的蕎麥粉可至雜糧行購買，如無法取得，可將生的蕎麥粒以食物調理機打成粉末狀。
◉ 加了蕎麥粉的粉糊（或麵糊）會變得較黏是正常的，在與蛋白霜拌合時，務必小心不要消泡。
◉ 上下火無法調溫的家用小烤箱，請用170~180℃烤約30~35分鐘；烘烤過程中，如麵糊表面已達上色狀態，需適時地蓋上鋁箔紙。

這裡也要看

同場加映　用麵粉做的→抹茶蕎麥戚風蛋糕

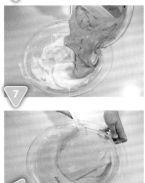

參考分量
2個，17公分中空活動戚風烤模

材料

材料	分量
抹茶粉	15克
熱水	140克
沙拉油	40克
低筋麵粉	70克
蕎麥粉	50克
蛋黃	100克
蘭姆酒	8克（約2小匙）
蛋白	250克
細砂糖	125克
蔓越莓乾	60克
熟的白芝麻	15克

準備
◉ 抹茶粉、低筋麵粉及蕎麥粉分別過篩。
◉ 蔓越莓乾及熟的白芝麻處理方式如上述的「準備」。

做法

❶ 抹茶粉先以少許的熱水調勻，再加入剩餘的熱水及沙拉油拌勻，再加入低筋麵粉及蕎麥粉拌勻。

❷ 加入蛋黃及蘭姆酒攪拌成均勻的抹茶麵糊。

❸ 依上述做法 ❸ 將蛋白打至9分發的蛋白霜。

❹ 依上述做法 ❹~❻ 將抹茶麵糊與蛋白霜拌勻，再加入蔓越莓乾及白芝麻拌勻。

❺ 依上述做法 ❼~⓫ 將麵糊倒入烤模內，將成品烘烤完成。

紅麴蓬萊米戚風蛋糕

我對紅色的糕點總是充滿了疑慮，之前我曾在部落格分享「馬卡龍」的做法，提到紅色色素，有一位在美國從事醫藥專業的網友，也是我的大學學妹blue，她知道我曾罹患過甲狀腺亢進的疾病，因此特別好意提醒我，「紅色色素有可能會引起甲狀腺失衡」。當我知道這項資訊後，從此對各種紅色糕點敬謝不敏，唯有以紅麴或天然的紅色水果製成的糕點例外。

以紅麴米的天然色澤，當做蛋糕的「染劑」，只要分量拿捏得宜，呈現出的「豔紅」頗為亮麗；另外孟老師又建議在麵糊裡添加胚芽粉和白芝麻，最後並以些許的蔓越莓乾提味，是一款口感豐富又協調的甜點。

參考分量

2個
17公分中空活動戚風
烤模

材料

蛋黃	100克
水	50克
沙拉油	35克
蘭姆酒	8克(約2小匙)
紅麴粉	10克
生蓬萊米粉	100克
蛋白	250克
細砂糖	130克
蔓越莓乾	60克
熟胚芽粉	35克
熟的白芝麻	15克

準備

● 水及沙拉油放在同一容器內。
● 紅麴粉及蓬萊米粉混合過篩。
● 蔓越莓乾切碎（或剪碎）。
● 熟的白芝麻放入塑膠袋中，用擀麵棍擀碎。

做法

❶ 蛋黃入盆打散後，加入水、沙拉油及蘭姆酒攪拌均勻（圖1）。

❷ 加入紅麴粉及蓬萊米粉（圖2），攪拌成均勻的紅麴粉糊（圖3）。

❸ 蛋白以電動攪拌機打至粗泡狀，再分3次加入細砂糖打至9分發，成為細緻滑順的蛋白霜，呈撈起後不滴落並且有小彎勾的狀態（圖4）。

❹ 取約1/3分量的蛋白霜加入做法❷的紅麴粉糊中，用打蛋器輕輕拌勻（圖5）。

❺ 再倒回剩餘的蛋白霜內（圖6），用橡皮刮刀輕輕拌勻（圖7）。

❻ 加入蔓越莓乾、熟胚芽粉及白芝麻（圖8）攪拌拌勻後，將粉糊分別倒入2個烤模內（圖9），並用刮刀將粉糊表面抹平。

❼ 雙手拿起烤模，拇指壓住中心頂部，在桌面上輕敲2下（依p.69圖9），震除大氣泡。

❽ 烤箱預熱後，以上火180℃、下火180℃先烤約10分鐘至上色後，改成上火150℃、下火170℃，續烤約15~20分鐘。

❾ 出爐後立刻將蛋糕懸空倒扣至冷卻（依p.69圖10）。

❿ 以小刀緊貼著烤模內壁刮一圈（依p.69圖11），再劃開中心處（依p.69圖12），接著緊貼著烤模底部劃開即可脫模（依p.69圖13）。

這裡也要看

● 蔓越莓乾也可用泡過酒的葡萄乾代替，或隨個人喜好改成其他配料如蜜紅豆等。
● 除了使用市售已烤熟的胚芽粉（及白芝麻）外，也可將生胚芽粉（及生的白芝麻粒）入乾鍋或烤箱中，以小火炒（烤）至膨脹上色；白芝麻使用前先擀破，香氣才易釋放。
● 上下火無法調溫的家用小烤箱，請用170~180℃烤約30~35分鐘；烘烤過程中，如麵糊表面已達上色狀態，需適時地蓋上鋁箔紙。

用麵粉做的→紅麴胚芽戚風蛋糕

參考分量

2個，17公分中空活動戚風烤模

材料

杏仁片	約2大匙
水	75克
沙拉油	40克
熟胚芽粉	35克
紅麴粉	10克
低筋麵粉	100克
蛋黃	100克
蘭姆酒	8克(約2小匙)
蛋白	250克
細砂糖	130克
蔓越莓乾	60克

準備

● 杏仁片平均鋪在烤模底部。

● 水及沙拉油放在同一容器內。

● 紅麴粉及低筋麵粉混合過篩。

做法

① 水和沙拉油拌勻，再依序加入熟胚芽粉、紅麴粉及低筋麵粉拌勻。

② 加入蛋黃及蘭姆酒拌勻，即成紅麴麵糊。

③ 依上述做法 ❸ 將蛋白打至9分發的蛋白霜。

④ 依上述做法 ❹～❺ 將紅麴麵糊與蛋白霜拌勻，再加入蔓越莓乾拌勻。

⑤ 依上述做法 ❻～❿ 將麵糊倒入烤模內，將成品烘烤完成。

黑芝麻糙米戚風蛋糕

聽說有店家打著健康養生的旗號，研發了所謂糙米蛋糕，價錢卻不便宜，養生當然好，若是健康與美味都能兼具，更是美事一椿。

我在部落格發表了蓬萊米戚風蛋糕的心得後，網友農夫特地寄來他自種自銷的生糙米粉給我做點心，於是我試著做出不同口味的變化與組合，也曾帶了「黑芝麻糙米戚風蛋糕」去請我的同學和我的學生們試吃，得到一致好評，大家難以置信，糙米粉做的戚風蛋糕竟如此Q潤美味；特別是有了黑芝麻粉與黑芝麻粒的加持，更提升了蛋糕的香氣。

參考分量
2個
17公分中空活動戚風
烤模

材料

蛋黃	100克
鮮奶	75克
沙拉油	40克
蘭姆酒	8克（約2小匙）
生糙米粉	100克
蛋白	10克
黑芝麻粉	30克
熟的黑芝麻粒	15克
蛋白	240克
細砂糖	140克

準備

- 糙米粉過篩。
- 鮮奶、沙拉油及蘭姆酒放在同一容器內。
- 熟的黑芝麻放入塑膠袋中，用擀麵棍擀破。

做法

1. 蛋黃入盆打散後，加入鮮奶、沙拉油及蘭姆酒攪拌均勻（**圖1**）。

2. 加入糙米粉攪拌均勻（**圖2**），加入蛋白10克拌勻，加入黑芝麻粉攪拌均勻（**圖3**）。

3. 加入熟的黑芝麻粒（**圖4**），攪拌成均勻的黑芝麻粉糊。

4. 蛋白以電動攪拌機打至粗泡狀，再分3次加入細砂糖打至9分發，成為細緻滑順的蛋白霜，呈撈起後不滴落並且有小彎勾的狀態（**圖5**）。

5. 取約1/3分量的蛋白霜加入做法❸的黑芝麻粉糊中（**圖6**），用打蛋器輕輕拌勻（**圖7**）。

6. 再倒回剩餘的蛋白霜內（**圖8**），再用橡皮刮刀輕輕拌勻（**圖9**）。

7. 將粉糊分別倒入2個烤模內（**圖10**），並用刮刀將粉糊表面稍微抹平。

8. 雙手拿起烤模，拇指壓住中心頂部，在桌面上輕敲2下（依p.69圖9），震除大氣泡。

9. 烤箱預熱後，以上火180℃、下火180℃先烤約10分鐘至上色後，改成上火150℃、下火170℃，續烤約15~20分鐘。

10. 出爐後立刻將蛋糕懸空倒扣至冷卻（依p.69圖10）。

11. 以小刀緊貼著烤模內壁刮一圈（依p.69圖11），再劃開中心處（依p.69圖12），接著緊貼著烤模底部劃開即可脫模（依p.69圖13）。

同場加映 — 用麵粉做的→黑芝麻戚風蛋糕

參考分量

2個，17公分中空活動戚風烤模

材料

鮮奶	80克
沙拉油	40克
蘭姆酒8克（約2小匙）	
低筋麵粉	100克
蛋黃	100克
黑芝麻粉	30克
熟的黑芝麻粒	15克
蛋白	240克
細砂糖	120克

準備

- 低筋麵粉過篩。
- 鮮奶、沙拉油和蘭姆酒放在同一容器內。
- 熟的黑芝麻放入塑膠袋中，用擀麵棍擀破。

做法

1. 鮮奶、沙拉油、蘭姆酒及低筋麵粉攪拌均勻。

2. 加入蛋黃拌勻後，再加黑芝麻粉和黑芝麻粒攪拌成均勻的芝麻麵糊。

3. 依上述做法 ❹ 將蛋白打至9分發的蛋白霜。

4. 依上述做法 ❺~❻ 將蛋黃麵糊與蛋白霜拌勻。

5. 依上述做法 ❼~⓫ 將麵糊倒入烤模內，將成品烘烤完成。

這裡也要看

- 除了使用已烤熟的黑芝麻外，也可將生的黑芝麻放入乾鍋或烤箱中，以小火炒（烤）至膨脹上色；使用前先擀破，香氣才易釋放。
- 上下火無法調溫的家用小烤箱，請用170~180℃烤約30~35分鐘；烘烤過程中，如麵糊表面已達上色狀態，需適時地蓋上鋁箔紙。
- 生糙米粉為整顆糙米粒研磨的，本單元的蛋糕請勿使用經熟製過的糙米粉，因為吸水度和黏性相差甚多。可請雜糧行代為磨粉或參考p.187的購買資訊。

香蕉蓬萊米戚風蛋糕

香蕉也是做點心被廣泛運用的天然素材之一，其綿細滑潤的特質，似乎可以跟任何蛋糕體搭配；因此不能免俗，一定要做個香蕉口味的戚風蛋糕。當我在試做拍照期間，孟老師提議，加點黑芝麻試試，果然將香蕉與黑芝麻「送作堆」之後，雙重香氣美味加倍，做做看就知道囉！

參考分量

2 個
17 公分中空活動戚風
烤模

材料

香蕉（去皮後）	100 克
蛋黃	100 克
鮮奶	30 克
沙拉油	35 克
蘭姆酒	8 克（約 2 小匙）
生蓬萊米粉	120 克
蛋白	250 克
細砂糖	125 克
熟的黑芝麻	20 克

準備

● 蓬萊米粉過篩。

● 熟的黑芝麻放入塑膠袋
 中，用擀麵棍擀破。

● 鮮奶、沙拉油及蘭姆酒
 放在同一容器內。

做法

① 香蕉入盆壓成泥狀，加入蛋黃拌勻後（**圖1**），加入鮮奶、沙拉油和蘭姆酒攪拌均勻（**圖2**）。

② 加入蓬萊米粉（**圖3**），攪拌成均勻的香蕉粉糊（**圖4**）。

③ 加入熟的黑芝麻粒（**圖5**），攪拌成均勻的黑芝麻香蕉粉糊。

④ 蛋白以電動攪拌機打至粗泡狀，再分3次加入細砂糖打至9分發，成為細緻滑順的蛋白霜，呈撈起後不滴落並且有小彎勾的狀態（**圖6**）。

⑤ 取約1/3分量的蛋白霜加入做法③的黑芝麻香蕉粉糊中（**圖7**），用打蛋器輕輕拌勻。

⑥ 再倒回剩餘的蛋白霜內（**圖8**），用橡皮刮刀輕輕拌勻（**圖9**）。

⑦ 將粉糊分別倒入2個烤模內（**圖10**），並用刮刀將粉糊表面稍微抹平。

⑧ 雙手拿起烤模，拇指壓住中心頂部，在桌面上輕敲2下（依p.69圖9），震除大氣泡。

⑨ 烤箱預熱後，以上火180℃、下火180℃先烤約10分鐘至上色後，改成上火150℃、下火170℃，續烤約15~20分鐘。

⑩ 出爐後立刻將蛋糕懸空倒扣至冷卻（依p.69圖10）。

⑪ 以小刀緊貼著烤模內壁刮一圈（依p.69圖11），再劃開中心處（依p.69圖12），接著緊貼著烤模底部劃開即可脫模（依p.69圖13）。

這裡也要看

● 香蕉內的水分會因成熟度而有些許差異，故材料中的鮮奶用量請自行斟酌調整。

● 除了使用已烤熟的黑芝麻外，也可將生的黑芝麻放入乾鍋或烤箱中，以小火炒（烤）至膨脹上色；使用前先擀破，香氣才易釋放。

● 上下火無法調溫的家用小烤箱，請用170~180℃烤約30~35分鐘；烘烤過程中，如麵糊表面已達上色狀態，需適時地蓋上鋁箔紙。

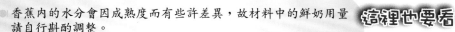

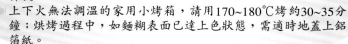

同場加映　用麵粉做的→香蕉黑芝麻戚風蛋糕

參考分量

2個，17公分中空活動戚風烤模

材料

材料	分量
香蕉（去皮後）	90克
鮮奶	25克
沙拉油	35克
蘭姆酒	7克（約2小匙）
低筋麵粉	90克
蛋黃	90克
熟的黑芝麻粒	20克
蛋白	215克
細砂糖	110克

準備

● 低筋麵粉過篩。

● 鮮奶、沙拉油和蘭姆酒放在同一容器內。

● 熟的黑芝麻放入塑膠袋中，用擀麵棍擀碎。

做法

① 香蕉入盆壓成泥狀，加入鮮奶、沙拉油、蘭姆酒及低筋麵粉攪拌均勻。

② 加入蛋黃拌勻後，再加黑芝麻粒攪拌成均勻的香蕉麵糊。

③ 依上述做法 ④ 將蛋白打至9分發的蛋白霜。

④ 依上述做法 ⑤~⑥ 將蛋黃麵糊與蛋白霜拌勻。

⑤ 依上述做法 ⑦~⑪ 將麵糊倒入烤模內，將成品烘烤完成。

南瓜糙米戚風蛋糕

不管南瓜和糙米飯再怎麼營養，若以原貌端上桌，通常都不受孩子們青睞；我總是要費盡心思做成點心，不著痕跡地讓他們吃，所幸南瓜做成的各式糕點，顏色實在討喜，做媽媽的幾乎都能詭計得逞。

兒子小拉拉有個好「麻吉」小叡，放學後幾乎天天來我家玩，小叡很可愛，記得食譜拍照那天，他見到桌上黃澄澄的蛋糕，便興致勃勃地吃了起來，還邊吃邊說：「哇！這什麼蛋糕啊？好好吃喔！」說得我心花怒放，於是當天的蛋糕就通通讓他打包帶回家囉！

沒想到原本被排斥的食物，做成戚風蛋糕後，竟然搖身一變大受歡迎；然而我一定不能說破，他們愛吃的蛋糕名叫「南瓜糙米戚風蛋糕」。

材料

南瓜（去皮後）	100 克
蛋黃	120 克
鮮奶	50 克
沙拉油	40 克
蘭姆酒　8 克（約 2 小匙）	
生糙米粉	120 克
蛋白	250 克
細砂糖	125 克

準備

● 南瓜切塊蒸熟，趁熱壓成泥狀。

● 糙米粉過篩。
● 鮮奶、沙拉油和蘭姆酒放在同一容器內。

做法

❶ 蛋黃入盆打散，加入南瓜泥（**圖1**）拌勻後，加入鮮奶、沙拉油及蘭姆酒（**圖2**）。

❷ 加入糙米粉（**圖3**），攪拌成均勻的南瓜粉糊（**圖4**）。

❸ 蛋白以電動攪拌機打至粗泡狀，再分3次加入細砂糖打至9分發，成為細緻滑順的蛋白霜，呈撈起後不滴落並且有小彎勾的狀態（**圖5**）。

❹ 取約1/3分量的蛋白霜加入做法❷的南瓜粉糊中，用打蛋器輕輕拌勻（**圖6**）。

❺ 再倒回剩餘的蛋白霜內（**圖7**），再用橡皮刮刀輕輕拌勻（**圖8**）。

❻ 將粉糊分別倒入2個烤模內（**圖9**），並用刮刀將粉糊表面稍微抹平。

❼ 雙手拿起烤模，拇指壓住中心頂部，在桌面上輕敲2下（依p.69圖9），震除大氣泡。

❽ 烤箱預熱後，以上火180℃、下火180℃先烤約10分鐘至上色後，改成上火150℃、下火170℃，續烤約15~20分鐘。

❾ 出爐後立刻將蛋糕懸空倒扣至冷卻（依p.69圖10）。

❿ 以小刀緊貼著烤模內壁刮一圈（依p.69圖11），再劃開中心處（依p.69圖12），接著緊貼著烤模底部劃開即可脫模（依p.69圖13）。

同場加映

用麵粉做的→南瓜戚風蛋糕

參考分量

2個，17公分中空活動戚風烤模

材料

材料	分量
南瓜（去皮後）	100克
鮮奶	35克
沙拉油	35克
君度酒	8克（約2小匙）
低筋麵粉	100克
蛋黃	100克
蛋白	200克
細砂糖	100克
南瓜子	70克

準備

● 南瓜切塊蒸熟，趁熱壓成泥狀。

● 低筋麵粉過篩。

● 鮮奶、沙拉油和君度酒放在同一容器內。

● 南瓜子先以上、下火約150℃烤約4~5分鐘至膨脹。

做法

❶ 南瓜泥加入鮮奶、沙拉油、君度酒及低筋麵粉攪拌均勻。

❷ 加入蛋黃攪拌成均勻的南瓜麵糊。

❸ 依上述做法❸將蛋白打至9分發的蛋白霜。

❹ 依上述做法❹~❺將南瓜麵糊與蛋白霜拌勻。

❺ 將南瓜子加入麵糊中拌勻。

❻ 依上述做法❻~❿將麵糊倒入烤模內，將成品烘烤完成。

◎ 南瓜蒸熟後出現多餘的水分必須瀝掉，以免影響麵糊的質地。

◎ 上下火無法調溫的家用小烤箱，請用170~180℃烤約30~35分鐘；烘烤過程中，如麵糊表面已達上色狀態，需適時地蓋上鋁箔紙。

◎ 蘭姆酒也可以君度酒代替。

◎ 做法❺的麵糊還可加些南瓜子（如同場加映的做法❺）增加香氣，並豐富口感。

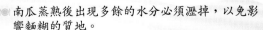

黑糖大理石蓬萊米戚風蛋糕

戚風蛋糕做成大理石紋，是很常見的變化手法，切面的不規則對比色，很具視覺效果；設計這道蛋糕時，我特地將黑糖熬煮一番，如此一來，更強化色澤與香氣，並比照「太妃醬」的做法，完成後的黑糖醬也加了鮮奶油，以增添柔和口感；雖然比較費工，但絕對優過任何的「黑糖香精」。

本來考量新手看了做法會退避三舍，當時決定刪掉這道食譜，但沒想到孟老師看到照片，覺得黑糖大理石很美，於是就讓它敗部復活啦！

材料

黑糖	90克
水	30克
動物性鮮奶油	30克
蛋黃	25克
生蓬萊米粉	35克
蛋黃	75克
鮮奶	35克
沙拉油	25克
生蓬萊米粉	90克
蛋白	250克
細砂糖	115克

準備

● 2份蓬萊米粉分別過篩。
● 鮮奶、沙拉油放在同一容器內。

做法

① 黑糖加水煮沸，再改以小火熬煮（圖1），煮至約130℃，用筷子沾取滴入冷水內會立刻凝成硬球狀（圖2）。

② 煮黑糖的同時，將鮮奶油加熱至95℃左右，黑糖漿煮至滴入水中變硬球狀時即熄火，再慢慢分次倒入熱鮮奶油（圖3），鮮奶油加完後再攪勻，即成黑糖醬，放涼備用。

③ 將蛋黃25克加入黑糖醬內拌勻（圖4），再加入蓬萊米粉35克拌勻成為黑糖粉糊（圖5）。

④ 另蛋黃75克入盆打散後，加入鮮奶、沙拉油攪拌均勻，加入90克蓬萊米粉（圖6），攪拌成均勻的蛋黃粉糊。

⑤ 蛋白以電動攪拌機打至粗泡狀，再分3次加入細砂糖打至9分發，呈

細緻滑順的蛋白霜，撈起後不滴落並且有小彎勾的狀態（圖7）。

⑥ 取約1/4分量（約90克）的蛋白霜加入做法③的黑糖粉糊中（圖8）用橡皮刮刀輕輕拌勻（圖9），成黑色粉糊。

⑦ 將剩餘的蛋白霜分2次與做法④的蛋黃粉糊輕輕拌勻，成為白色粉糊（圖10）。

⑧ 將做法⑦的白色粉糊和做法⑥的黑色粉糊分別交錯地倒入2個烤模內（圖11），並用筷子在麵糊裡繞幾圈（圖12）。

⑨ 雙手拿起烤模，拇指壓住中心頂部，在桌面上輕敲2下震除大氣泡（依p.69圖9）。

⑩ 烤箱預熱後，以上火180℃、下火180℃先烤約10分鐘至上色後，

改成上火150℃、下火150℃，續烤約15~20分鐘。

⑪ 出爐後立刻將蛋糕懸空倒扣至冷卻（依p.69圖10）。

⑫ 以小刀緊貼著烤模內壁刮一圈（依p.69圖11），再劃開中心處（依p.69圖12），接著緊貼著烤模底部劃開即可脫模（依p.69圖13）。

用麵粉做的→
咖啡大理石戚風蛋糕

參考分量
2 個
17 公分中空活動戚風烤模

材料

鮮奶	65 克
沙拉油	40 克
蘭姆酒	8 克（約 2 小匙）
低筋麵粉	100 克
蛋黃	100 克
蛋白	240 克
細砂糖	130 克
即溶咖啡粉	10 克
熱水	10 克
碎核桃	70 克

準備

- 低筋麵粉過篩。
- 鮮奶、沙拉油和蘭姆酒放在同一容器內。
- 碎核桃先以上、下火 150℃ 烤約 8～10 分鐘。

做法

1. 鮮奶、沙拉油、蘭姆酒及低筋麵粉攪拌均勻。
2. 加入蛋黃攪拌成均勻的蛋黃麵糊。
3. 依上述做法 ❺ 將蛋白打至 9 分發的蛋白霜。
4. 取約 1/3 分量蛋白霜加入蛋黃麵糊拌勻後，再倒回剩餘蛋白霜內拌勻。
5. 加入烤熟的核桃拌勻。
6. 即溶咖啡粉加熱水調勻，取做法 ❺ 的麵糊約 150 克加入咖啡液拌勻。
7. 依上述做法 ❾～⓫ 將麵糊倒入烤模內，將成品烘烤完成。

這裡也要香

- 因材料中添加比例不低的黑糖，故蛋白霜的糖量稍低以免甜膩，因此打好的蛋白霜會較不穩定，拌合麵糊時手勢要輕，並儘快烘烤，以免消泡。
- 黑糖必須經過熬煮，顏色與香氣才足夠，如此調好的大理石紋路才夠深，才能產生對比的視覺效果。
- 上下火無法調溫的家用小烤箱，請用 170～180℃ 烤約 30～35 分鐘；烘烤過程中，如麵糊表面已達上色狀態，需適時地蓋上鋁箔紙。

蕎麥糙米戚風蛋糕

我喜歡嘗試以各類五穀雜糧或堅果粉,來製作甜點或麵包,希望激盪出美妙的
滋味,在每次的實驗中,往往因為不同材料的特性,而必須花更多時間與精
神,反覆試做以尋求最好的結果;就以這道戚風蛋糕為例,原本使用的是烘熟
後的蕎麥粉,沒想到黏性非常高,水分失衡而告失敗;後來我改用生的蕎麥
粉,另外再添些糙米粉,兩相結合後,終於完成這道養生又美味的「蕎麥糙米
戚風蛋糕」。

材料

蛋黃	100 克	蛋白	250 克
鮮奶	70 克	細砂糖	130 克
沙拉油	35 克		
蘭姆酒	2 小匙		
生蕎麥粉	50 克		
生糙米粉	70 克		

準備

● 鮮奶、沙拉油及蘭姆酒
  放在同一容器內。
● 蕎麥粉及糙米粉混合過
  篩。

做法

① 蛋黃入盆打散後，加入鮮奶、沙拉油及蘭姆酒攪拌均勻（**圖1**）。

② 加入糙米粉及蕎麥粉（**圖2**），攪拌成均勻的粉糊（**圖3**）。

③ 蛋白以電動攪拌機打至粗泡狀，再分3次加入細砂糖打至9分發，成為細緻滑順的蛋白霜，呈撈起後不滴落並且有小彎勾的狀態（**圖4**）。

④ 取約1/3分量的蛋白霜加入做法❷的粉糊中（**圖5**），用打蛋器輕輕拌勻。

⑤ 再倒回剩餘的蛋白霜內（**圖6**），用橡皮刮刀輕輕拌勻（**圖7**）。

⑥ 將粉糊分別倒入2個烤模內（依p.69圖8），並用刮刀將米糊表面稍微抹平。

⑦ 雙手拿起烤模，拇指壓住中心頂部，在桌面上輕敲2下（依p.69圖9），震除大氣泡。

⑧ 烤箱預熱後，以上火180℃、下火180℃先烤約10分鐘至上色後，改成上火150℃、下火170℃，續烤約15~20分鐘。

⑨ 出爐後立刻將蛋糕懸空倒扣至冷卻（依p.69圖10）。

⑩ 以小刀緊貼著烤模內壁刮一圈（依p.69圖11），再劃開中心處（依p.69圖12），接著緊貼著烤模底部劃開即可脫模（依p.69圖13）。

同場加映

用麵粉做的→蕎麥戚風蛋糕

參考分量

2 個
17 公分中空活動戚風烤模

材料

材料	分量
鮮奶	80 克
沙拉油	40 克
蘭姆酒	8 克(約2小匙)
生蕎麥粉	50 克
低筋麵粉	70 克
蛋黃	100 克
蛋白	240 克
細砂糖	120 克

準備

● 鮮奶、沙拉油和蘭姆酒放在同一容器內。
● 蕎麥粉及低筋麵粉過篩。

做法

① 鮮奶、沙拉油、蘭姆酒加入蕎麥粉及低筋麵粉攪拌均勻。

② 加入蛋黃攪拌成均勻的蕎麥麵糊。

③ 依上述做法 ❸ 將蛋白打至9分發的蛋白霜。

④ 依上述做法 ❹~❺ 將蛋黃麵糊與蛋白霜拌勻。

⑤ 依上述做法 ❻~❿ 將麵糊倒入烤模內，將成品烘烤完成。

● 請使用生蕎麥及生糙米所磨的生粉，可在雜糧行或有機店購買蕎麥粒自行以料理機打碎，在有些烘焙材料行偶爾可見販售蕎麥粉；家庭製作若不易磨粉，也可請雜糧行代磨。

● 上下火無法調溫的家用小烤箱，請用170~180℃烤約30~35分鐘；烘烤過程中，如麵糊表面已達上色狀態，需適時地蓋上鋁箔紙。

● 6吋加高活動模的內徑為15.5公分，但因模子較高，與一般17公分的中空圓模或心型烤模的容量大致上差不多，三者可互相取代。

這裡也要記

烏龍茶蓬萊米戚風蛋糕

我喜歡做糕點時多運用一些在地素材，例如：烏龍茶葉、香椿、艾草或當令蔬果等等，往往會有意想不到的驚喜。

在綿柔細緻的戚風蛋糕內，以清香的烏龍茶搭配酥脆的腰果，讓品嚐時的口感不再單調，同時又多了耐人尋味的咀嚼感，讓人忍不住一口接一口。台灣茶的品質真是好得沒話說，沒想到運用在糕點裡，清新自然的茶香讓人十分喜愛。

參考分量

2 個
17 公分中空活動戚風
烤模

材料

蛋黃	100 克
烏龍茶汁	55 克
沙拉油	35 克
烏龍茶粉	10 克
生蓬萊米粉	120 克
蛋白	250 克
細砂糖	125 克
熟腰果	70 克

準備

- 蓬萊米粉過篩。
- 腰果切碎後，先以上、下火 150℃預烤約 8～10 分鐘，切大丁備用。
- 以 100 克的沸水沖泡 1 大匙的烏龍茶約 1～2 分鐘後，瀝出茶汁 55 克備用。

- 將 10 克的烏龍茶葉以食物調理機打成茶粉。

做法

1. 蛋黃入盆打散，加入烏龍茶汁、沙拉油拌勻後，再加入烏龍茶粉拌勻（**圖1**）。

2. 加入蓬萊米粉（**圖2**），攪拌成均勻的烏龍茶粉糊。

3. 蛋白以電動攪拌機打至粗泡狀，再分3次加入細砂糖打至9分發，成為細緻滑順的蛋白霜，呈撈起後不滴落並且有小彎勾的狀態（**圖3**）。

4. 取約1/3分量的蛋白霜加入做法❷的粉糊中（**圖4**），用打蛋器輕輕拌勻。

5. 再倒回剩餘的蛋白霜內（**圖5**），用橡皮刮刀輕輕拌勻（**圖6**）。

6. 加入烤熟的碎腰果拌勻（**圖7**）。

7. 將粉糊分別倒入2個烤模內（**圖8**），並用刮刀將粉糊表面稍微抹平（**圖9**）。

8. 雙手拿起烤模，拇指壓住中心頂部，在桌面上輕敲2下（依p.69圖9），震除大氣泡。

9. 烤箱預熱後，以上火180℃、下火180℃先烤約10分鐘至上色後，改成上火150℃、下火170℃，續烤約15~20分鐘。

10. 出爐後立刻將蛋糕懸空倒扣至冷卻（依p.69圖10）。

11. 以小刀緊貼著烤模內壁刮一圈（依p.69圖11），再劃開中心處（依p.69圖12），接著緊貼著烤模底部劃開即可脫模（依p.69圖13）。

同場加映　用麵粉做的→烏龍茶松子戚風蛋糕

參考分量
2個
17公分中空活動戚風烤模

材料

材料	分量
烏龍茶汁	70克
沙拉油	40克
烏龍茶粉	10克
低筋麵粉	100克
蛋黃	100克
蛋白	240克
細砂糖	120克
烤熟松子	70克

準備
- 低筋麵粉過篩。
- 松子先以上、下火150℃預烤約5~8分鐘備用。
- 以100克的沸水沖泡1大匙的烏龍茶約1~2分鐘後，瀝出茶汁70克備用。
- 將10克的烏龍茶葉以食物調理機打成茶粉。

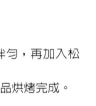

做法

1. 將烏龍茶汁及沙拉油拌勻，再加入的烏龍茶粉及低筋麵粉拌勻。

2. 加入蛋黃攪拌成均勻的烏龍茶麵糊。

3. 依上述做法❸將蛋白打至9分發的蛋白霜。

4. 依上述做法❹~❺將烏龍茶麵糊與蛋白霜拌勻，再加入松子拌勻。

5. 依上述做法❼~❿將麵糊倒入烤模內，將成品烘烤完成。

這裡也要看

- 上下火無法調溫的家用小烤箱，請用170~180℃烤約30~35分鐘；烘烤過程中，如麵糊表面已達上色狀態，需適時地蓋上鋁箔紙。
- 烏龍茶葉可以其他茶葉代替，若沒有調理機，則購買市售的茶粉來製作，網路上或茶行均可購得。
- 腰果可以松子或其他堅果代替。

鹹甜兼具
古早味！

樸實無華的真滋味！

雖然甜點的市場瞬息萬變，卻總有一些耳熟能詳、流傳久遠的傳統點心仍屹立不搖。很多人，包括我在內，對這些古早味有著特別的情感，雖然這類傳統點心的外觀樸實無華，但依舊讓人喜愛。

很多小時候的「古早味」流傳數十年，慣用的製作方式一直被因襲沿用，其實是值得深思的問題。以這個單元來說，同樣有很多點心，在無添加任何化學物品前提下，我花了很多時間，試圖改變做法：就像國民甜點雞蛋糕，在捨棄乳化劑、酥油、化學發粉、香料及修飾澱粉等用料後，唯一辦法就是回歸原點，努力地把雞蛋打發，即能做出充滿真實蛋香的雞蛋糕；而其他如芙蓉鹹蛋糕及拜拜蛋糕也是以同樣原則製成。

還是可以
做個小改變！

保留原味的精神！

可依個人製作的方便性，應用不同的道具，改變自己喜歡的成品樣式，如脆皮雞蛋糕的模型當然可隨心所欲，拜拜蛋糕換個可愛模型也無妨；還有成品的呈現規格，無論方形還是菱形，也絕不減損傳統糕點應有的氣味，就像低脂豆腐蛋糕、酵母黑糖糕及芙蓉鹹蛋糕等；另外樸實的地瓜燒換個同類型的根莖類植物，應該也是合情合理：那麼一口豆沙酥做成不同內餡，當然更是方便又隨興囉！

3 傳統糕點

不曾遺忘的熟悉美味

最佳賞味

冷藏型：產品本身或餡料必須冷藏存放，保持應有的質地，才能品嚐最佳美味，
　　　　例如：p.92 低脂豆腐蛋糕、p.94 元寶小蛋糕及p.108 芙蓉鹹蛋糕。

常溫型：產品適合放在室溫下密封存放，不會變形變質，以常溫品嚐即可，例
　　　　如：p.96 牛粒、p.100 地瓜燒、p.102 一口豆沙酥、p.104 酵母黑糖
　　　　糕、p.106 黑糖桂圓蛋糕及p.110 拜拜蛋糕等。其中拜拜蛋糕若在室溫
　　　　保存請儘快食用，冷藏則可延長保存期限。

現做現吃型：成品完成後，在短時間內即會改變質地或風味，因此必須即刻掌握
　　　　最佳品嚐時機，例如：p.98 脆皮雞蛋糕。

低脂豆腐蛋糕

白淨淨的「豆腐蛋糕」，長相四四方方就如同一塊塊的豆腐，用料也是貨真價實，使用豆腐和豆漿製作，不僅豆香加倍，而且蛋糕體不含蛋黃，所含油脂也較低，因此口感十分清爽。以豆腐入菜是件再平凡不過的事，然而以和風甜點的姿態呈現，卻教人驚艷，凡是品嚐過的人無不讚歎，綿細的蛋糕體既軟嫩又濕潤，和香濃芝麻奶油霜搭配，很和諧又順口喔！

材料

戚風蛋糕

低筋麵粉	150克
無糖豆漿	100克
沙拉油	60克
豆腐	100克
蛋白	50克
蛋白	250克
細砂糖	140克
檸檬汁 8克（約2小匙）	

黑芝麻奶油霜

無鹽奶油	70克
糖粉	20克
鮮奶	20克
熟黑芝麻粉	20克

準備

- 依 p.12 將烤盤鋪 2 層紙。
- 低筋麵粉及糖粉分別過篩。
- 無鹽奶油及鮮奶分別秤好後，放在室溫下回溫軟化。
- 裝飾用的烙印模。

做法

① 豆漿、沙拉油放在同一容器中，隔水加熱至約65℃。低筋麵粉放入盆中，加入無糖豆漿、沙拉油攪拌均勻（圖1）。

② 將豆腐以粗網篩過篩並加入麵糊內攪拌均勻（圖2）。

③ 加入蛋白50克攪拌成均勻的豆漿麵糊（圖3）。

④ 蛋白加入檸檬汁後，以電動攪拌機打至粗泡狀，再分3次加入細砂糖打至9分發，成為細緻滑順的蛋白霜，呈撈起後不滴落並且有小彎勾的狀態（圖4）。

⑤ 取約1/3分量的蛋白霜加入做法③的豆漿麵糊內，用打蛋器或橡皮刮刀輕輕拌合（圖5）。

⑥ 再將豆漿麵糊倒入剩餘的蛋白霜內（圖6）。

⑦ 用橡皮刮刀輕輕地翻拌均勻（圖7）。

⑧ 將麵糊倒入烤盤內，用小刮板稍微抹平（圖8）。

⑨ 烤箱預熱後，以上火180℃、下火140℃先烤約15分鐘後，改成上火150℃、下火120℃，續烤約15~20分鐘。

⑩ 蛋糕出爐後，立刻倒扣在紙上，撕開底紙放涼備用。

⑪ 黑芝麻奶油霜：將軟化的奶油加入糖粉，先用橡皮刮刀拌合，再快速打發至顏色變淡（圖9），成為鬆發的奶油糊。

⑫ 將鮮奶以少量多次的方式慢慢加入奶油糊中（圖10），再快速攪打至光滑狀，最後加入黑芝麻粉攪拌均勻（圖11），即成黑芝麻奶油霜（圖12）。

⑬ 組合：待蛋糕體冷卻後切成2塊，其中一塊抹上芝麻奶油霜（圖13），再蓋上另一塊蛋糕（蛋糕底部朝上），稍壓一下使蛋糕黏合。

⑭ 冷藏定型後即可切塊，將烙印模在爐火上燒至極熱後，直接烙印在蛋糕表面（圖14）。

◎ 材料中含沙拉油、豆漿及豆腐,這些豆製品一同加熱後會產膠質,易使麵糊滲透至烤盤底部,即使烤盤鋪了紙仍會沾黏,導致蛋糕不易脱離烤盤,因此需要再多鋪1張紙。

◎ 沙拉油無色、無味,較適合清爽雪白的豆腐蛋糕,也可使用其他液體植物油,不過應盡量避免使用味道或顏色過重的油脂。

◎ 檸檬汁可強化蛋白霜的韌性和穩定性,也可讓蛋糕更白皙;因添加不多,蛋糕不致於出現酸味。

◎ 夾餡可自行變化,如改以紅豆餡也不錯。

元寶小蛋糕

參考分量
約20個

和我差不多年紀的人，對元寶蛋糕一定不陌生，年少時，常在蛋糕店的冷藏櫃裡看到這款蛋糕：最常見的夾餡就是俗稱「克林姆」的卡士達，另外還有紅豆餡及芋泥餡等，都是大家熟悉又熱愛的口味。我一直喜歡它小巧又喜氣的造型，軟嫩的蛋糕體包著飽滿的餡料，每一口都是滿足；由於製作簡易又省時，每每參加聚會時，我總喜歡帶著自己做的元寶招待朋友，食用時更方便，不用切塊，不用裝盤，人手一個，可以很優雅地享用。

材料

戚風蛋糕

低筋麵粉	20 克
玉米粉	10 克
鮮奶	20 克
沙拉油	15 克
蘭姆酒	1 小匙
蛋黃	60 克
蛋白	90 克
細砂糖	45 克

內餡

市售紅豆沙	250 克

準備

- 將烤盤（35×25 公分）內部抹上融化的奶油，再篩上高筋麵粉，並將多餘的麵粉倒出。

- 低筋麵粉、玉米粉混合過篩。
- 依 p.14 將口徑 1 公分的平口花嘴裝入擠花袋內（擠麵糊用）。另將紅豆沙裝入塑膠擠花袋內。

94

做法

1 低筋麵粉、玉米粉放入盆中，加入鮮奶、沙拉油及蘭姆酒攪拌均勻。

2 再加入蛋黃，攪拌成均勻的蛋黃麵糊。

3 蛋白以電動攪拌機打至粗泡狀，再分3次加入細砂糖續打至9分發，成為細緻滑順的蛋白霜，呈撈起後不滴落並且有小彎勾的狀態。

4 取約1/3分量的蛋白霜加入做法 ❷ 的蛋黃麵糊內，用打蛋器或橡皮刮刀輕輕拌合。

5 再將麵糊倒入剩餘的蛋白霜內。

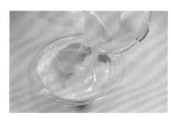

6 用橡皮刮刀輕輕地翻拌均勻。

7 將擠花袋放入大型量杯內，袋口反摺後再裝入麵糊。

8 在烤盤內擠上麵糊，每條長約7公分、寬約4公分的橢圓形，每條間隔約3~4公分。

9 烤箱預熱後，以上火130℃、下火190℃烤約10~15分鐘，蛋糕烤好後立刻趁熱剷出。

10 待蛋糕冷卻後，擠紅豆沙於蛋糕中央，將兩端對摺即可。

這裡也要看

◉ 如果使用的是家用小烤箱，為了製作方便，最好準備2個烤盤，當第一盤的麵糊入烤箱時，同時擠第二盤麵糊，第一盤出爐後立刻烘烤第二盤。

◉ 麵糊不耐久候，務必把握時間盡快烘烤。

◉ 麵糊烘烤時，不建議烤盤鋪烘焙紙或鋪不沾布，否則蛋糕剷出時不會有漂亮的上色面，甚至貼底的部分會掉皮，如此就不美觀了。

◉ 烤盤抹油撒粉烤出的成品可使蛋糕底面著色，並有助於將小蛋糕順利剷出，但需注意，成品出爐後，需趁熱立刻剷出，以免烤盤餘溫使蛋糕變乾硬。

◉ 蛋糕烤好表面有點濕黏為正常現象，勿烘烤過乾，否則蛋糕對摺後易斷裂。

◉ 夾餡亦可改成卡士達（p.25），或將芋頭120克蒸熟後趁熱壓成泥狀，再加入35克的糖粉和100克左右的動物性鮮奶油拌勻，成為芋泥餡；請依芋頭含水量自行調整鮮奶油用量。

牛粒

「牛粒」這道小點心，有點古早味，幾乎是傳統蛋糕店的必備商品；到目前為止，好像無人知曉這個名稱的來龍去脈，但從外形看來，讓人聯想法國的蛋白杏仁餅（macaron），兩相比較下，純樸的牛粒，好像是台版的「蛋白杏仁餅」；但無論如何，提起親和力十足的牛粒，肯定勾起很多人的回憶與興趣。

就像我兒子小拉拉在很小的時候，就很愛吃牛粒，每次去麵包店，各種口味都要買一包才行。後來我會做牛粒了，終於省下荷包，於是三不五時做給兄妹倆吃，他們總是邊玩邊吃，在短短一、兩小時內，就把一顆顆尚未夾餡的牛粒一掃而空，果真深受小朋友的歡迎喔！

這道「牛粒」是以全蛋式海綿蛋糕來製作，而且用料簡單到不行，省略其他液體材料，烤後的成品更顯酥鬆；而最後的夾心餡，當然要用化口性非常好的天然奶油來製作，才夠正點啊！

參考分量
約25份（2片／1份）
直徑約3.5公分

材料

全蛋	40克
蛋黃	20克
細砂糖	40克
低筋麵粉	45克

奶油霜

無鹽奶油	50克
糖粉	20克

準備

- 無鹽奶油秤好後，放在室溫下回溫軟化。
- 35×25×3 的直角烤盤烤盤鋪紙。
- 依 p.14 將口徑 1 公分的平口花嘴裝入擠花袋內（擠麵糊用），另準備塑膠擠花袋一只（擠奶油霜用）。
- 低筋麵粉過篩。

做法

❶ 將全蛋、蛋黃入盆打散，加入細砂糖，以電動攪拌機快速打發至顏色變淺，除了確認滴落的痕跡可以畫出線條外（圖1），應盡量將麵糊打到非常濃稠，稠到滴落的速度非常慢。

❷ 加入所有的低筋麵粉，用橡皮刮刀輕輕地切入蛋糊內並從盆底刮起（圖2），翻拌至無粉粒（圖3）。

❸ 將麵糊裝入擠花袋內，在紙上擠出直徑約2公分的圓形麵糊（圖4）。

❹ 用細網篩在麵糊表面均勻地篩些糖粉（圖5）。

❺ 烤箱預熱後，以上火180℃、下火120℃烤約3~5分鐘，稍上色並膨脹後關上火，表面覆蓋白報紙，續烤約3~5分鐘，可輕易從烘焙紙上剝開即熟（圖6）。

❻ 出爐後立刻將烤盤內的烘焙紙拖出，待成品冷卻後以硬刮板刮起。

❼ **奶油霜**：將回軟的奶油加入糖粉，先用橡皮刮刀拌合，再用電動攪拌機快速打發（圖7），打至顏色變淡、呈鬆發狀的奶油霜（圖8）。

❽ 將奶油霜裝入塑膠擠花袋內，擠適量於成品的底部（圖9）。

❾ 將兩片黏合即可（圖10）。

這裡也要香

- 出爐後立刻從烤盤內將烘焙紙拖出，以免烤盤的餘溫使成品變乾。
- 同p.94的元寶小蛋糕，為了製作方便，最好準備2個烤盤，當第一盤的麵糊入烤箱時，同時擠第二盤麵糊，第一盤出爐後立刻烘烤第二盤。
- 與一般海綿蛋糕不同，製作牛粒的麵糊必須打發至十分濃稠，麵粉也要一次全加入，以縮短拌合時間以免麵糊消泡。
- 擠麵糊時要留出間隔，以免麵糊受熱後會黏在一起。
- 製作牛粒必須爭取時間，如果烤箱不夠大，請勿增量製作，以免麵糊久候而消泡。
- 剛烤好的成品較乾，夾餡後密封保存1天以上，待回潤後會更可口。
- 巧克力口味：以10克的無糖可可粉取代等量的低筋麵粉。
- 抹茶口味：額外添加約1小匙抹茶粉，而低筋麵粉的用量不變。

脆皮雞蛋糕

參考分量
約20隻
6×10公分

雞蛋糕是台灣街頭常見的庶民點心,每次經過賣雞蛋糕的攤子,就被那濃濃的香氣所吸引,不只孩子們愛吃,我看就連大人們也會禁不起誘惑。

初學烘焙時,就想自己做做看,上網找了好多資料,也看了不少相關討論。我發現凡是商業販售的製作方式,往往需要添加不少助長成品鬆發、香氣以及綿軟度的化學物質。然而我還是回歸原點,就是把雞蛋打發弄個名正言順的「雞蛋糕」,現烤現吃真是不亦樂乎喔!

材料

無鹽奶油	30克
全蛋	155克
蛋黃	20克
蓬萊米粉	10克
低筋麵粉	80克
細砂糖	90克

準備

- 雞蛋糕模型。
- 奶油隔水加熱融化。
- 依 p.14 的「擠麵糊用」準備擠花袋一只。

做法

① 將全蛋、蛋黃入盆打散,加入細砂糖,以電動打蛋器快速打發至顏色變淺,滴落的痕跡可以畫出線條(**圖1**),再轉低速續打1分鐘,消除大氣泡。

② 低筋麵粉及蓬萊米粉放在同一容器中,分3次篩入蛋糕中(**圖2**),用橡皮刮刀輕輕地切入蛋糕內,從盆底刮起(**圖3**),輕輕翻拌至無粉粒(**圖4**)。

③ 取少部分的麵糊加入融化的奶油內(**圖5**),用打蛋器或橡皮刮刀拌勻(**圖6**)。

④ 再倒回原來的麵糊內(**圖7**),以刮刀輕輕拌勻(**圖8**)。

⑤ 將麵糊裝入擠花袋內,擠入已預熱的烤模內(**圖9**),將上蓋蓋好,煎至上色即可取出。

- 麵糊內因添加蓬萊米粉而產生脆皮的效果,但若放置一段時間,皮仍會回軟;若不喜歡脆皮則可用等量低筋麵粉替代。
- 可以任何烤模代替鯛魚造型烤模,也可使用瓦斯爐或烤箱烘烤。
- 烤模一定要預熱,否則蛋糕會黏在烤模上無法順利取下。
- 不沾烤模第1次使用時,仍需塗抹奶油(份量外),後續可不必塗油;非不沾烤模則每次烘烤前均需塗油。
- 如無法取得擠花袋,則使用湯匙將麵糊舀入烤模內。

遠遠也要香

地瓜燒

參考分量
約 7 條

一般常見的「地瓜燒」有兩種製作方式，一是把熟地瓜泥加糖、蛋黃及奶油調成地瓜糊，填在容器或餅乾上，另一種就是這道地瓜燒囉！

近年來流行吃地瓜，而且要連皮吃才符合養生概念，我家早餐也常吃地瓜，但是老實說我真不愛吃皮，怎麼吃都覺得礙口；不過整條地瓜裏在酥香的麵皮裡，那就另當別論，地瓜皮不再是討厭的東西，而且未經調味的地瓜毫不甜膩，非常順口喔！

材料

地瓜	7 條

（每條約 50-60 克）

酥皮

無鹽奶油	90 克
糖粉	55 克
全蛋	35 克
低筋麵粉	125 克
杏仁粉	40 克

表面裝飾

蛋黃	1 顆
黑芝麻(或白芝麻)	少許

準備

- 小地瓜洗淨擦乾水分，放入烤箱內以 170℃烤熟（約 20~30 分鐘）。
- 無鹽奶油秤好後，放在室溫下回溫軟化。

做法

❶ 酥皮：將軟化的奶油加入糖粉，以橡皮刮刀稍壓（圖1），用攪拌機打發至顏色變淡（圖2）。

❷ 加入蛋液快速打勻（圖3）。

❸ 低筋麵粉及杏仁粉放在同一容器中，一起篩入蛋糊中（圖4），以刮刀翻拌均勻（圖5）。

❹ 將麵糰稍壓扁用保鮮膜包好，冷藏約1小時備用。

❺ 將麵糰分割成每個約45克，沾少量麵粉壓成片狀（圖6），包入一條熟地瓜，將麵皮推勻，並用指腹將麵皮收口處捏合（圖7）。

❻ 蛋黃攪散後，在麵皮表面均勻地刷上2次蛋黃液（圖8），最後撒上少許黑芝麻（圖9）。

❼ 烤箱預熱後，以上火200℃、下火180℃烤約20~25分鐘至酥皮上色。

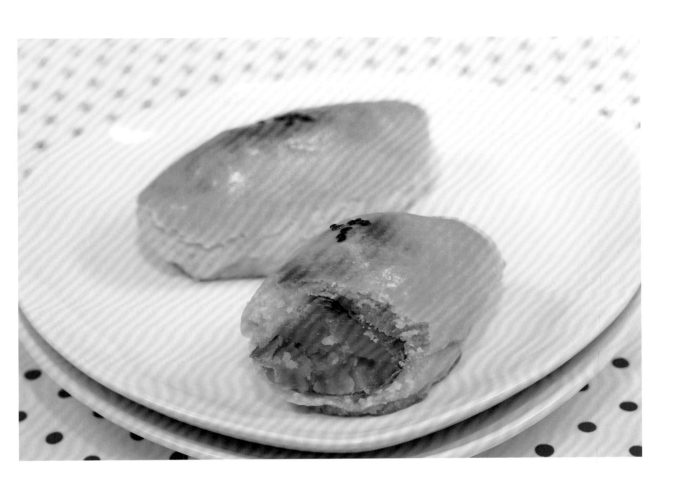

◉盡量選擇約5~6公分長的小地瓜，烤至竹籤
　可輕易刺入即熟；若太大塊，可在冷卻後
　再切小段。

◉刷蛋黃時，全部刷完後再刷第2次。

這裡也要看

一口豆沙酥

以前都覺得像豆沙酥這類的點心是老一輩們愛吃的東西，平常我很少做，沒想到先生和大伯吃過後竟誇讚不已；我才驚覺原本被忽略的點心，其實也很美味！這類一口吃的小品，堆在盤子上招待親友，或加點巧思包裝一下當作禮物送人，都蠻討喜的。因為個頭小，品嚐時顯得優雅順口，尤其配上一壺好茶，就是簡單的幸福美味，這時候「熱量」二字已被拋諸腦後囉！

材料

酥皮

無鹽奶油	100 克
糖粉	55 克
全蛋	40 克
低筋麵粉	145 克
杏仁粉	40 克

內餡

市售紅豆沙	350 克

表面裝飾

蛋黃	1 顆
黑芝麻(或白芝麻)少許	

準備

● 無鹽奶油秤好後，放在室溫下回溫軟化。

做法

① **酥皮**：將軟化的奶油加入糖粉，以橡皮刮刀稍壓（**圖1**），用攪拌機打發至顏色變淡（**圖2**）。

② 加入蛋液快速打勻（**圖3**）。

③ 低筋麵粉及杏仁粉放在同一容器中，一起篩入蛋糊中（**圖4**），以刮刀翻拌均勻（**圖5**）。

④ 將麵糰壓扁並用保鮮膜包好，冷藏約1小時備用（如p.144圖4）。

⑤ 將紅豆沙分割成每個約70克，共5個，分別搓成長約20~25公分的條狀。

⑥ 將做法④的麵糰分割成每個約70克，共5個。

⑦ 桌面及雙手撒少量麵粉，將小麵糰搓成約與豆沙等長的條狀（**圖6**）。

⑧ 將每條麵糰分別輕輕地擀成長片狀（**圖7**），再分別包入1條豆沙條（**圖8**），將收口捏合。

⑨ 再稍微搓動一下使麵皮厚度平均（**圖9**）。

⑩ 用硬刮板切成長約2公分的小段（**圖10**），排入烤盤中。

⑪ 蛋黃攪散後，在麵皮表面均勻地刷上2次蛋黃液（**圖11**），最後撒上少許黑芝麻（**圖12**）。

⑫ 烤箱預熱後，以上火190℃、下火170℃烤約10~15分鐘至酥皮上色。

◉ 餡料也可選擇各類豆沙餡或鳳梨餡。

◉ 刷蛋黃時，全部刷完後再刷第 2 次。

9

10

11

12

酵母黑糖糕

其實製作「黑糖糕」的門檻很低，不用什麼高深的製作技巧，在一般大同小異的配方中，就是將所有材料拌一拌，並藉由泡打粉達到鬆發效果，應該就能成功。

市面上幾乎難以見到以酵母製成的黑糖糕，所以這款「酵母黑糖糕」是我很有成就感的小小實驗，起初是發想於傳統的「客家黑糖糕」，沒想到效果不錯；我曾把這道特別的酵母點心，和發粉做的配方做比較，同時貼在部落格和網友們分享，結果引起很多人的興趣；其實兩者做法差不多，只不過以酵母製作需要多花些時間發酵，但你和我應該都願意這樣做，因為「等待」的美味是值得的。

參考分量
1 盤
18.5×22×5公分

材料

黑糖	120 克
冷水	90 克
蜂蜜	20 克
冷水	約 240 克
中筋麵粉	210 克
純地瓜粉	40 克
即溶酵母粉	2 克
	（約 1/2 小匙）
液體植物油	1 大匙
熟白芝麻	1 大匙

準備

- 依 p,12 將 18.5×22×5 公分長方烤盤鋪紙。
- 純地瓜粉以食物調理機打成細粉狀，再與中筋麵粉混合過篩。

做法

① 將黑糖加冷水90克煮至沸騰，再改小火續煮約5分鐘，加入蜂蜜（**圖1**），再煮約1分鐘即熄火，放涼後即成**黑糖蜜**。

② 將冷水約240克加入黑糖蜜中攪拌均勻（**圖2**），即成**黑糖水**。

③ 將酵母粉加入黑糖水中（**圖3**），用打蛋器攪拌均勻。

④ 再分次加入篩過的粉料中（**圖4**），用打蛋器攪拌均勻（**圖5**）。

⑤ 剛拌好的麵糊尚未發酵，因此沒有氣泡（**圖6**）。

⑥ 在容器上覆蓋保鮮膜（**圖7**），室溫發酵約60~90分鐘。

⑦ 發酵後的麵糊，體積變大（**圖8**），麵糊內部出現氣泡，即發酵完成（**圖9**）。

⑧ 加入液體油拌勻（**圖10**）。

⑨ 將麵糊倒入長方盤內，熱水起蒸，以中火蒸約25~30分鐘。

⑩ 起鍋前，均勻地撒上熟芝麻，接著即可取出（**圖11**）。

⑪ 冷卻後以小刀緊貼著模邊劃開（**圖12**），扣出黑糖糕並撕去底紙即可。

  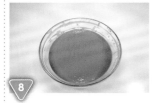 

這裡也要看

◉ 黑糖需經過熱煮至濃稠，成品的香味才足夠；而少量蜂蜜可提香，但蜂蜜量不宜過高，以免搶味。

◉ 做法❶的黑糖蜜，會因熱煮的火候不同，影響水分蒸發速率，總之，煮好的黑糖蜜加冷水的總重量需410克，這是黑糖水的最佳濃度。

◉ 純地瓜粉是用真正台灣地瓜製造的澱粉，顆粒較粗，使用前需事先打細；純地瓜粉在主婦聯盟或雜糧行可購得，若買不到，可用太白粉或樹薯粉代替，但樹薯類的澱粉經過度加工，且口感太Q彈，品質與口感皆不如純正地瓜粉。

◉ 添加少許油脂，黑糖糕較不易太快變硬。

◉ 發酵時間隨氣溫高低而有快慢，注意別發酵過度，否則口感會出現酸味，冬天時酵母可多加1/4小匙。

◉ 口味變化：麵糊內可加入蜜豆類、蓮子、桂圓、紅棗、枸杞……等養生素材，表面亦可撒些熟堅果同蒸。

黑糖桂圓蛋糕

黑糖加桂圓，一向很對台灣人的味，當然我也是這個味道的擁護者。不管這樣的組合，是不是符合養生概念，但絕對是構成美味的條件，因為黑糖的焦香味與香甜的桂圓，兩者合而為一，激盪出更豐厚的口感；同時材料中加入了一般蛋糕較少出現的乳酸飲料，更具有增添濕潤度與香氣的絕佳效果，又加上大量的桂圓肉，堪稱不可錯過的美妙滋味。

材料

桂圓肉	100 克	黑糖（過篩後）	80 克
養樂多	70 克	低筋麵粉	110 克
蘭姆酒	2 小匙	無鹽奶油	80 克
全蛋	160 克	碎核桃	60 克
蛋黃	20 克		

準備

- 桂圓肉剪碎。
- 黑糖過篩掉顆粒或直接以食物調理機打成細粉狀。
- 奶油隔水加熱至融化，放在熱水上持續保溫。

做法

❶ 桂圓肉加入養樂多，以小火煮沸後熄火（圖1）。

❷ 冷卻後加入蘭姆酒，浸泡約30分鐘以上，再用粗網篩壓瀝出湯汁備用（圖2）。

❸ 將全蛋及蛋黃放在同一容器中，加入黑糖（圖3），以電動攪拌機打至濃稠狀，滴落的痕跡可以畫出線條（圖4），再以低速續打約1分鐘，消除大氣泡。

❹ 將低筋麵粉分3次篩入蛋糊內，用打蛋器輕輕地切入蛋糊內，從盆底撈起（圖5），同時邊轉動缸盆邊抖落麵糊（圖6）。

❺ 加完麵粉後，大約拌至無粉粒狀，再改用刮刀翻拌均勻（圖7）。

❻ 將做法❷瀝出的湯汁加入融化的溫奶油內（圖8）。

❼ 取做法❺的少部分麵糊，加入做法❻的黑糖油水中（圖9），用打蛋器或刮刀快速拌勻（圖10）。

❽ 再倒回原來的麵糊內，以刮刀輕輕拌勻（圖11）。

❾ 將麵糊舀入杯模內約1/2滿，再將桂圓肉平均填入（圖12），接著再舀入麵糊至8分滿（圖13），最後在麵糊表面撒上碎核桃（圖14）。

❿ 烤箱預熱後，以上火190℃、下火150℃先烤約10分鐘至表面結皮，再改成上火170℃、下火150℃，續烤約10~15分鐘。

8

9

10

這裡也要香

◎ 養樂多即市售的乳酸飲料，也可以原味
　優酪乳代替。

◎ 表面的碎核桃可以杏仁片代替，使用前
　均不需烤熟。

11

12

13

14

芙蓉鹹蛋糕

老實說,以前我不太能接受鹹蛋糕這個概念,總覺得蛋糕又甜又鹹的有點兒怪,然而上過幾次鹹蛋糕的相關課程,完全顛覆了我對鹹蛋糕的看法。原來鹹口味的蛋糕可以這麼美味,而且居然不易膩口,餡料也可自行變化,像是洋蔥玉米、洋蔥鮪魚、筍丁肉末、蘿蔔乾肉末及青蔥肉鬆等,很有變化性,就靠大家各顯神通囉!

值得一提的是,蛋糕體是以將麵粉燙熟的方式製作,跟之前的最大差異,則是內含大量蛋白而且不加蛋黃,成品清雅細緻,當做甜點或正餐兩相宜。

材料

表面裝飾

海苔末	適量
肉鬆	適量

戚風蛋糕

沙拉油	75 克
鮮奶	150 克
低筋麵粉	150 克
蛋白	75 克
蛋白	250 克
細砂糖	125 克

夾餡

豬絞肉	120 克
洋蔥末	120 克
鹽	1/4 小匙
黑胡椒	適量
美奶滋	適量

準備

● 依p.12將烤盤舖紙,均勻地撒上適量的海苔末及肉鬆。

● 低筋麵粉過篩。

做法

① **戚風蛋糕**：沙拉油及鮮奶以小火煮至約65℃，熄火後立刻加入低筋麵粉快速拌勻（**圖1**）。

② 蛋白75克分次加入（**圖2**），攪拌均勻（**圖3**）。

③ 蛋白以電動攪拌機打至粗泡狀，再分3次加入細砂糖打至9分發，成為細緻滑順的蛋白霜，呈撈起後不滴落並且有小彎勾的狀態（**圖4**）。

④ 取約1/3分量的蛋白霜，加入做法②的麵糊內拌勻（**圖5**）。

⑤ 再倒回剩餘的蛋白霜內攪拌均勻（**圖6**）。

⑥ 將麵糊倒入已鋪紙的烤盤內（**圖7**），用小刮板將麵糊表面稍微抹平（**圖8**）。

⑦ 烤箱預熱後，以上火180℃、下火140℃先烤約10分鐘至表面上色，再改成上火150℃、下火120℃，續烤約15~20分鐘。

⑧ 蛋糕出爐後，立刻倒扣在紙上，撕開底紙放涼備用（**圖9**）。

⑨ **夾餡**：炒鍋燒熱後，下絞肉炒至顏色變白，加入洋蔥末炒香（**圖10**），至湯汁收乾（**圖11**），加鹽及黑胡椒調味後即可盛起，放涼後拌入約1小匙美奶滋備用。

⑩ **組合**：蛋糕切為2片，各在著色面抹上薄薄一層美奶滋，並在其中一片鋪上做法⑨的餡料，再覆蓋另一片蛋糕（肉鬆海苔面朝上），稍壓一下使蛋糕黏合。

🍮 可使用其他油脂替代沙拉油。

🍮 豬絞肉盡量絞細，成品的口感較好。

🍮 材料中的鮮奶可以無糖豆漿代替，但若改用豆漿，則烤盤內需多鋪一張紙，以免使蛋糕不易脫離烤盤（參考p.93的「這裡也要看」）。

這裡也要看

拜拜蛋糕

不知怎麼地，拜拜用的清蛋糕這幾年突然很夯，說穿了，其實就是一個簡單的戚風蛋糕，有人說因為口感香嫩如布丁，所以又稱「雞蛋布丁蛋糕」。

因不同的呈現方式而有不同的風貌，除了拜拜用，也可作為簡單的生日蛋糕喔，就像同場加映的「草莓香草戚風蛋糕」，雖然只以幾顆草莓裝飾，卻是吸睛焦點。

記得高雄老家附近市場到了年節都有這樣的清蛋糕，表面有著十字裂紋，並擺上裝飾用的紅櫻桃、李梅乾或黑棗乾。因為用料極其單純，反而造就鬆軟綿柔的質地。我刻意將油量降低，讓蛋糕吃起來更加清爽，我家也很傳統，常常用於拜拜的蛋糕體，我不時地會加以變化，不管是黃金蛋糕，還是巧克力蛋糕，都不拘泥形式，只要蛋糕好吃，拜拜就有誠意嘛！

材料

戚風蛋糕

低筋麵粉	100克
鮮奶	70克
沙拉油	40克
蛋黃	85克
蛋白	170克
細砂糖	85克

準備

● 低筋麵粉過篩。
● 沙拉油、鮮奶放在同一容器內。

做法

① 先將低筋麵粉放入盆中，再加入鮮奶及沙拉油攪拌均勻（**圖1**）。

② 再加入蛋黃（**圖2**），攪拌成均勻的蛋黃麵糊（**圖3**）。

③ 蛋白以電動攪拌機打至粗泡狀，再分3次加入細砂糖打至9分發，成為細緻滑順的蛋白霜，呈撈起後不滴落並且有小彎勾的狀態（**圖4**）。

④ 取約1/3分量的蛋白霜加入做法②的麵糊中（**圖5**），用打蛋器輕輕拌勻（**圖6**）。

⑤ 再倒回剩餘的蛋白霜內（**圖7**），用橡皮刮刀輕輕拌勻（**圖8**）。

⑥ 將麵糊分別倒入2個烤模內（**圖9**），將麵糊表面稍微抹平。

⑦ 雙手拿起烤模，在桌面上輕敲2下，震除大氣泡。

⑧ 烤箱預熱後，以上火180℃、下火160℃先烤約10分鐘至上色後，用小刀在蛋糕表面畫出十字刀痕（**圖10**），改成上火150℃、下火150℃再續烤約20~25分鐘。

⑨ 出爐後立刻將蛋糕懸空倒扣在6吋圓形活動烤模上（**圖11**），置於網架上冷卻。

⑩ 依p.20的「脫模方式」將蛋糕脫模即可。

這裡也要看

◎ 上下火無法調溫的家用小烤箱請用180℃烤約10分鐘，同樣地上色後小心割出十字刀痕，改成160℃再續烤約30~40分鐘；也可不割刀痕，任其自然爆裂。

◎ 做法⑨將蛋糕懸空倒扣在6吋圓形活動烤模上，為顧及成品表面的美觀，可避免傷害蛋糕表面；或以四角針架倒扣，屆時蛋糕脫模後，表面會有4個小洞，其實無傷大雅。但不建議直接倒扣在網架上，以免擠壓蛋糕表面。

◎ 此為基礎的戚風蛋糕，不加料不夾餡，成品十分濕潤軟綿，較無法承受餡料的重量。若想鋪餡且要求表面平整者，請看「同場加映」的做法。

同場加映

草莓香草戚風蛋糕

參考分量

2個6吋圓形活動模

材料

戚風蛋糕

低筋麵粉	100克
鮮奶	60克
香草莢	1/2根
沙拉油	50克
蛋黃	85克
蛋白	170克
細砂糖	85克
草莓	適量

準備

● 低筋麵粉過篩。

做法

❶ 依 p.18做法將香草莢放入鮮奶內煮至鍋邊冒小泡，熄火放涼，取出香草莢外皮。

❷ 低筋麵粉入盆，加入鮮奶及沙拉油拌勻，再加入蛋黃拌成均勻的蛋黃麵糊。

❸ 依上述做法 ❸ 將蛋白打至9分發的蛋白霜。

❹ 依上述做法 ❹～❺ 將蛋黃麵糊與蛋白霜拌勻。

❺ 依上述做法 ❻～❼ 將麵糊倒入烤模內。

❻ 烤箱預熱後，以上火150℃、下火 130℃烤約50分鐘。

❼ 出爐後依上述做法 ❾～⓫ 倒扣冷卻並脫模。

❽ 依個人喜好抹上霜飾並放上新鮮草莓（或其他新鮮水果）裝飾即可。

這裡也要看

◉ 上、下火無法調溫的家用小烤箱請用150℃低溫烘烤約50~60分鐘，可防止蛋糕過度爆裂。

◉ 可依個人喜好將蛋糕體橫切並抹上打發鮮奶油或其他各種奶油霜（可參考「杯子蛋糕」的各式奶油霜）。

傳說中的經典美味！

不用團購，自己在家做！

近年來由於各大媒體的報導以及美食節目的強力放送，加上網路的推波助瀾，造就了許多超人氣的點心，有些商品甚至要前一、二個月預訂或排隊才買得到。正因如此受歡迎，絕對會引發家庭DIY者的興趣。

然而超人氣的糕點，是不是一定跟美味劃上等號，我想也不盡然，因為「用料」的講究，不知是否被正視？就以p.120的牛奶戚風杯來說，使用真正的鮮奶，絕對優於添加牛奶香精的產品；還有最常用的動物鮮奶油、富含可可脂的苦甜巧克力、化口性佳的天然奶油等，都是帶動美味的必要素材。

做了就有經驗！

別怕失敗！

既然自己動手做，那麼對材料的選擇，就該有所堅持與好壞判斷的能力，這才是家庭DIY的可貴之處；然而業者為了追求商品的賣相與效果，難免會使用各種不為外人知的「撇步」。以我個人經驗來說，只要掌握製作重點，並多加嘗試演練，似乎也能做出有水準、有賣相的產品。就像需要利用蛋白打發性製成的波士頓派，這點就是影響成品優劣的關鍵。其次就是爐溫的掌控，多些心思在製程上，絕對可以做出蓬鬆飽滿的美味口感。以此類推，很多產品其實都很簡單，成敗只在於製作時有沒有掌握要領，就像另一款大家喜愛的黃金蛋糕，也需要多多瞭解製作。

4 人氣糕點

最有興趣的必做點心

常溫型：產品適合放在室溫下密封存放，不會變形變質，以常溫品嚐即可，例如：p.130 蜂蜜蛋糕及p.132 蛋卷。

冷藏型：產品本身或餡料必須冷藏存放，保持應有的質地，才能品嚐最佳美味，例如：p.124 黃金蛋糕、p.114 波士頓派、p.120 牛奶戚風杯、p.122 可可戚風杯、p.128 咖啡水晶蛋糕、p.134 巧克力秒殺蛋糕、p.118 魔鬼香蕉蛋糕及p.136 爆漿菠蘿泡芙等。

現做現吃型：成品完成後，在短時間內即會改變質地或風味，因此必須即刻掌握最佳品嚐時機，例如：p.116蛋糕式鬆餅及p.126 黃金壽司蛋糕卷等。

波士頓派

波士頓派是團購點心的熱門品項,也是蛋糕店的常青樹,歷久不衰。由於用料及做法都很單純,不到半小時就能搞定麵糊,因此也是我最常做的蛋糕之一,出爐後往往還等不及夾餡,就被一掃而空;送人也很受歡迎,凡是品嚐過的親友們無不喜歡這單純又幸福的美味。

有一次媽媽病後剛出院回家,胃口很差,什麼都吃不下,我做了波士頓派,她竟然一口氣吃掉半個,還不斷誇讚蛋糕好吃,於是我在媽媽養病期間,陸續做了好幾個波士頓派給她吃。

聽說早期的波士頓派,通常粉料比例較高,因此口感比較紮實,不過台灣人偏好鬆軟的蛋糕,近年來鬆軟的戚風蛋糕體所製成的波士頓派似乎成了市場的主流,所以我也要跟大家分享渾圓飽滿、膨鬆柔軟的經典美味。

材料

戚風蛋糕

低筋麵粉	65克
鮮奶	45克
沙拉油	45克
蛋黃	80克
蛋白	100克
檸檬汁4克(約1小匙)	
細砂糖	65克

內餡

動物性鮮奶油	200克
細砂糖	15克

裝飾

糖粉	適量

準備

● 低筋麵粉過篩。

14

13

12

做法

① **戚風蛋糕**：低筋麵粉入盆，加入鮮奶、沙拉油攪拌均勻，再加入蛋黃攪拌成均勻的蛋黃麵糊（**圖1**）。

② 蛋白加入檸檬汁後，以電動攪拌機打至粗泡狀，再分3次加入細砂糖續打至10分發，呈尖角豎立的蛋白霜（**圖2**）。

③ 取約1/3分量的蛋白霜加入做法①的蛋黃麵糊內，用打蛋器拌勻（**圖3**）。

④ 再將蛋黃麵糊倒入剩餘的蛋白霜內，先用打蛋器直線切拌幾下（**圖4**），拌至約8分均勻後，再用橡皮刮刀輕輕拌勻（**圖5**）。

⑤ 倒入派盤內抹成圓弧狀（**圖6**）。

⑥ 烤箱預熱後，以上火170℃、下火170℃先烤約10分鐘，上色後改成150℃、下火150℃再烤約20~25分鐘。

⑦ 出爐後輕輕地敲震一下，再倒扣在四腳針架上冷卻備用（**圖7**）。

⑧ **內餡**：依p.17「用於裝飾」將鮮奶油隔冰塊水打至粗泡狀，再加入細砂糖續打至不會流動的光澤狀。

⑨ **組合**：用手將蛋糕自邊緣輕輕剝開（**圖8**），立起派盤，邊敲邊轉動派盤，即可敲出蛋糕（**圖9**）。

⑩ 脫模後的蛋糕放在派盤內，用鋸齒刀沿著派盤將蛋糕橫切為二（**圖10**），將上層蛋糕片移開後，取出蛋糕，置於轉檯中央，底面朝上，再橫切成2片（**圖11**），共3片。

⑪ 底層蛋糕抹上打發的鮮奶油，將中央抹高呈山丘狀（**圖12**）。

⑫ 疊上第2片的蛋糕片（**圖13**），重複抹鮮奶油的動作呈山丘狀，最後疊上第3片蛋糕片，輕壓表面使蛋糕服貼（**圖14**），冷藏約1小時至定型，在表面篩些糖粉再切片食用。

這裡也要看

- 派盤底部可不必墊紙。
- 麵糊入模後要有一定濃稠度，故打蛋白時加入檸檬汁以維持蛋白的穩定性，並可增添蛋糕的風味。
- 由於蛋白霜較硬，必須分次與蛋黃糊攪拌，可用打蛋器輕輕切拌，拌至約8分均勻時，再改用刮刀，如此可避免消泡。
- 蛋白霜打到10分發，拌好的麵糊即呈濃稠狀，倒入派盤後才可抹成圓弧狀；成品不但蓬鬆，也較挺得住，不至於塌陷扁縮。 ◀

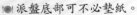

- 開始烘烤時，前10分鐘爐溫要稍高，麵糊才易膨脹定型，下火溫度不可過低，否則烤後的成品倒扣時易出現掉落的情況；待蛋糕稍微上色後，即需降溫慢慢烘烤。若是專業烤箱請拉開風門續烤。若是家用小烤箱可稍微打開烤箱門約10秒鐘讓熱氣逸出一些，再把烤箱門關上，如此可防止蛋糕受熱過劇而導致表面產生裂紋。
- 做法⑩橫切蛋糕成3片，如為了方便也可橫切2片即可。
- 避免使用不沾派盤，以免蛋糕倒扣時易出現掉落的情況。
- 口味可自行變化，例如以10克可可粉取代等量的低筋麵粉，即成可可波士頓派，或以約10克的抹茶粉取代等量低筋麵粉，即成抹茶波士頓派。
- 內餡抹完鮮奶油後，也可鋪上新鮮水果片，再抹鮮奶油後疊上蛋糕片。

蛋糕式鬆餅

常聽朋友說「某某咖啡廳的鬆餅很夯」、「要排隊才吃得到」、「一起去嚐嚐看吧」等等之類的話，我打心底就提不起興趣；通常我的回答是：「來吃我做的吧！保證不讓你失望！」

記得有一次，泰國的網友大海和小海來訪，家裡的桌上正放著剛煎好的鬆餅，兩人原本興趣缺缺，不過在我的勸說下，才勉強撕了一小塊，吃了之後露出一副「原來這麼好吃」的表情，後來還當場記下配方與做法呢！

有時候我喜歡嘗試違反「常理」的點心做法，即便是頻頻NG而丟材料，我也樂此不疲，例如我挑戰不添加化學膨鬆劑也能做出很像樣的鬆餅，好讓鬆餅癡的孩子們吃得開心又健康。這款「蛋糕式鬆餅」，製作簡易又快速，從調麵漿到煎好不過十幾分鐘。香噴噴起鍋後，兒子愛沾巧克力，女兒則喜歡淋蜂蜜，現煎現吃的鬆餅，是我家的常備點心喔！

▶ 剛煎好的鬆餅，香酥鬆軟非常可口，即使不加任何配料，一樣很迷人！

116

材料

鬆餅麵糊

低筋麵粉	60 克
鮮奶	65 克
無鹽奶油	35 克
蛋黃	30 克
蛋白	60 克
細砂糖	25 克

配料

蜂蜜或楓糖漿	適量
香草冰淇淋	1 球
新鮮水果	適量

準備

- 格子鬆餅機。
- 鮮奶和奶油一同放入容器內，隔水加熱或微波加熱至奶油融化。
- 低筋麵粉過篩。

做法

1. 低筋麵粉入盆，加入鮮奶與融化的奶油拌勻（**圖1**）。
2. 再加入蛋黃，攪拌成均勻的蛋黃麵糊（**圖2**）。
3. 蛋白以電動攪拌機打至粗泡狀，再分3次加入細砂糖打至9分發，成為細緻滑順的蛋白霜，呈撈起後不滴落並且有小彎勾的狀態（**圖3**）。
4. 取約1/3分量的蛋白霜加入做法**2**的蛋黃麵糊中輕輕拌勻（**圖4**）。
5. 再倒回剩餘的蛋白霜內（**圖5**）。
6. 以刮刀輕輕翻拌均勻（**圖6**），呈較稀的麵糊狀（**圖7**）。
7. 鬆餅機預熱後，刷上奶油（分量外）（**圖8**）。
8. 倒入麵糊（**圖9**），將上蓋蓋好，加熱至金黃色即可。
9. 取出鬆餅後，依個人喜好可淋上蜂蜜、糖漿或巧克力醬，並搭配水果及冰淇淋一同食用。

這裡也要看

- 液態奶油也可改用其他植物油，但香酥程度會略遜於奶油。
- 麵糊未加任何化學膨大劑，不耐久候，拌好麵糊必須盡快煎製。
- 鬆餅機一定要預熱，並刷一層奶油，否則鬆餅會黏在煎盤上無法順利取下。
- 鬆餅通常會搭配糖漿食用，因此成品的甜度較低，材料中的糖量可自行斟酌。
- 做法**8**麵糊加熱至金黃色，因不同機器的性能，煎製完成的時間會有差異，請自行觀察拿捏。

參考分量

2 個
6 吋活動圓烤模

魔鬼香蕉蛋糕

將香氣濃烈的香蕉奶油，夾在厚實綿密的巧克力蛋糕體內，再披覆一層巧克力醬，表面隨興畫出螺旋花紋，成為一款個性強烈、熱情洋溢的巧克力糕點。香蕉加巧克力的絕妙組合，以同樣的材料與做法，如做成小巧的杯子蛋糕，也很討喜喔！

材料

巧克力蛋糕

動物性鮮奶油	80 克
苦甜巧克力	80 克
無鹽奶油	40 克
蛋黃	80 克
蛋白	160 克
細砂糖	100 克
低筋麵粉	60 克
無糖可可粉	20 克

香蕉奶油霜

無鹽奶油	90 克
糖粉	25 克
香蕉	45 克

巧克力淋醬（Ganache）

動物性鮮奶油	225 克
苦甜巧克力	250 克
無鹽奶油	25 克

準備

- 奶油秤好後，放在室溫下回溫軟化。
- 低筋麵粉和可可粉混合過篩；糖粉過篩。
- 烤模底部鋪上防沾的烘焙紙。

118

做法

❶ **巧克力蛋糕**：將動物性鮮奶油、苦甜巧克力及無鹽奶油放在同一容器內，隔水加熱攪拌至巧克力融化（約40℃）。

❷ 加入蛋黃（**圖1**），拌成均勻的巧克力蛋黃糊。

❸ 蛋白以電動攪拌機打至粗泡狀，再分3次加入細砂糖續打至約7-8分發，撈起蛋白霜後不會滴落，出現柔軟的小彎勾（依p.24圖5）。

❹ 取約1/3分量的蛋白霜加入做法2的巧克力蛋黃糊內，用橡皮刮刀輕輕拌合（**圖2**）。

❺ 拌至8分均勻後，加入約1/3分量的低筋麵粉及可可粉（**圖3**），輕輕地從盆底刮起翻拌均勻。

❻ 再將剩餘蛋白霜和粉料分別交錯加入，拌成均勻的巧克力麵糊（**圖4**）。

❼ 將麵糊分別倒入2個烤模內（**圖5**）。

❽ 烤箱預熱後，以上火180、下火160烤約20~25分鐘。

❾ 出爐後倒扣在網架上冷卻備用。

❿ **香蕉奶油霜**：將回軟的奶油加入糖粉，先用橡皮刮刀稍壓，再打發至顏色變淡，成為鬆發狀的奶油糊（**圖6**）。

⓫ 將香蕉打成泥狀（**圖7**）。

⓬ 將香蕉泥加入奶油糊內，快速攪打均勻，即成香蕉奶油霜（**圖8**）。

⓭ **巧克力淋醬**：將鮮奶油煮沸後，沖入巧克力中拌勻（**圖9**），再加入奶油拌勻，即成巧克力淋醬（**圖10**）。

⓮ 蛋糕冷卻後，用小尖刀（或脫模刀）將蛋糕脫模，置於轉檯中央，再橫切為2片（**圖11**），底層蛋糕片抹上香蕉奶油霜（**圖12**），疊上另一片蛋糕。

⓯ 桌面上鋪一張保鮮膜並放一個網架，將蛋糕放在網架上，將巧克力淋醬從蛋糕體中心處淋下，再以雙手持網架左右傾斜，使淋醬平均地流洩而下（**圖13**），再用湯匙在表面畫出螺旋紋路即可（**圖14**）。

⓰ 將蛋糕冷藏約30分鐘以上，待巧克力淋醬凝固後，即可切片食用。

- 做法⓯在網架下方鋪一張保鮮膜，可將滴落的巧克力醬回收後，再隔水加熱使用。

- 如希望呈現單純的巧克力口味，可將香蕉奶油霜改為巧克力淋醬抹在蛋糕體內當作夾心亦可。

這裡也要香

牛奶戚風杯

這道熱門點心也是我家小朋友的最愛,小巧的一杯,柔潤綿滑,奶香順口,我那5歲的女兒一口氣可以吃掉3杯呢!

坊間普遍的名稱是「北海道戚風杯」,特別冠以「北海道」三個字,是在強調濃郁奶香。一直以來,消費者都有個迷思,提到牛奶就是要濃醇香,其實單純的鮮奶是達不到那樣境界的,因此所謂的奶類點心,濃醇奶香絕非顯而易「嚐」;因此我仍以最天然的製作初衷,利用隨手可得的鮮奶,簡簡單單的完成時下的超夯點心,成品同樣具備綿細且濕潤的特色,其美味程度並不亞於黃金蛋糕喔!

參考分量
約 12 杯
6.5×6.5×5公分
正方形紙模

材料

戚風蛋糕

沙拉油	60克
鮮奶	80克
低筋麵粉	110克
蛋黃	80克
蘭姆酒	4克(1小匙)
蛋白	160克
細砂糖	80克

卡士達鮮奶油

蛋黃	30克
細砂糖	30克
低筋麵粉	10克
鮮奶	140克
香草莢	1/4 條
無鹽奶油	5克
動物性鮮奶油	40克

準備

- 無鹽奶油秤好後,放在室溫下回溫軟化
- 依 p.14的「準備擠花袋」說明,將細長花嘴裝入擠花袋備用。

做法

❶ 戚風蛋糕：低筋麵粉入盆，加入鮮奶、沙拉油攪拌均勻，再加入蛋黃及蘭姆酒攪拌成均勻的蛋黃麵糊（**圖1**）。

❷ 蛋白以電動攪拌機打至粗泡狀，再分3次加入細砂糖打至9分發，成為細緻滑順的蛋白霜，呈撈起後不滴落並且有小彎勾的狀態（**圖2**）。

❸ 取約1/3分量的蛋白霜加入做法❶的蛋黃麵糊中輕輕拌勻。

❹ 再倒回剩餘的蛋白霜內，以刮刀輕輕翻拌均勻。

❺ 將麵糊填入紙杯內至約8分滿（**圖3**）。

❻ 烤箱預熱後，以上火180℃、下火150℃烤約10分鐘，上色後改成上火150℃、下火150℃，再烤約15分鐘，出爐後冷卻備用。

❼ 卡士達鮮奶油：依p.25的做法❶~❾「卡士達做法」將卡士達製作完成，以保鮮膜密貼冷藏備用（**圖4**）。

❽ 將鮮奶油隔冰塊水打至不會流動的光澤狀（**圖5**）。

❾ 將卡士達再攪拌成為乳滑狀態。

❿ 將打發的鮮奶油加入卡士達內（**圖6**），攪拌均勻即為卡士達鮮奶油（**圖7**）。

⓫ 擠入餡料：將卡士達鮮奶油裝入擠花袋內，擠入已冷卻的蛋糕內部（**圖8**），表面篩些適量的糖粉即可（**圖9**）。

◉ 做法❿的卡士達鮮奶油即「慕斯林」。

◉ 做法⓫的擠花袋使用方式，請依p.14「擠奶油霜用」，擠入餡料前一定要確認蛋糕已完全冷卻，以免鮮奶油融化。

◉ 成品以杯狀呈現，因此有別於一般戚風蛋糕，出爐後不需倒扣，冷卻後會縮是正常現象。

◉ 除了以戚風蛋糕製作外，也可換成黃金蛋糕（p.124），同樣非常綿軟可口。

可可戚風杯

參考分量
約 10 杯
6.5×6.5×5 公分
正方形紙模

以前在媽媽教室教烘焙，只要課堂上做個原味的點心，媽媽們總是問，「那巧克力口味的怎麼變化啊？」

同理可證，除了牛奶戚風杯之外，也一定有巧克力牛奶戚風杯，內餡加了融化的巧克力，多了一分巧克力的香醇，孩子們肯定超喜歡。

材料

可可戚風蛋糕

沙拉油	60 克
鮮奶	80 克
無糖可可粉	20 克
低筋麵粉	80 克
蛋黃	80 克
蛋白	160 克
細砂糖	90 克

巧克力卡士達

蛋黃	45 克
細砂糖	60 克
低筋麵粉	15 克
鮮奶	210 克
香草莢	1/2 條
無鹽奶油	10 克
動物性鮮奶油	100 克
苦甜巧克力	80 克

準備

● 無鹽奶油秤好後，放在室溫下回溫軟化。

● 可可粉及低筋麵粉分別過篩。

● 依 p.14 將細長擠花嘴裝入擠花袋內。

做法

❶ **可可戚風蛋糕**：將鮮奶和沙拉油以小火加熱至微微沸騰後即熄火，加入可可粉拌勻（**圖1**），再加入蛋黃拌勻（**圖2**）。

❷ 加入低筋麵粉（**圖3**），攪拌成均勻的可可麵糊（**圖4**）。

❸ 蛋白以電動攪拌機器打至粗泡狀，再分3次加入細砂糖續打至約7~8分發，撈起蛋白霜後不會滴落，出現柔軟的小彎勾（依p.24圖5）。

❹ 取約1/3分量的蛋白霜加入做法❷的可可麵糊內，用打蛋器或橡皮刮刀輕輕拌合（**圖5**）。

❺ 再倒回剩餘的蛋白霜內（**圖6**），用橡皮刮刀輕輕拌勻（**圖7**）。

❻ 將麵糊填入紙杯內約至8分滿（**圖8**），並輕敲一敲使表面平整。

❼ 烤箱預熱後，以上火180℃、下火150℃烤約10分鐘，改成上火150℃、下150℃，續烤約15分鐘，出爐後冷卻備用。

❽ **巧克力卡士達**：依p.25做法❶~❾將卡士達製作完成。

❾ 將鮮奶油和巧克力入盆，隔水加熱使巧克力融化成巧克力糊（**圖9**）。

❿ 將冷卻的卡士達再攪拌成乳滑狀後（**圖10**），再加入巧克力糊（**圖11**），即成巧克力卡士達（**圖12**）。

⓫ **完成**：將巧克力卡士達裝入擠花袋內，擠入已冷卻的蛋糕內部（**圖13**），表面篩上適量的糖粉即可（**圖14**）。

這裡也要看

◎ 成品以杯狀呈現,因此有別於一般戚風蛋糕,出爐後不需倒扣,冷卻後會縮是正常現象。

8

9

10

11

12

13

14

黃金蛋糕

如果說「布朗尼」是我在網路上的成名作,那麼「黃金蛋糕」應該算是我的「代表作」;在我部落格的發燒文裡,「黃金蛋糕」至目前為止還是穩居第一名,雖然做起來有點挑戰性,但我發現仍然有不少人勇於嘗試,因為蛋糕綿細濕潤的程度,以及雋永的蛋奶香,凡做過及嚐過的人無不豎起大拇指。

多年以前,我在Yahoo的澤媽家族發表了第一個「黃金蛋糕卷」作品,造成不小的「轟動」,消息居然傳到大陸去囉!然而他們的Yahoo應該是被封鎖的,導致許多大陸網友不得其門而入,只好想盡辦法借用其他地區的網友帳號,才獲得「黃金蛋糕」的配方與討論機會;甚至也聽說,很多人常做這道蛋糕去接單賺外快,大受歡迎呢!

黃金蛋糕之所以特別,除了配方使用奶油而非植物油外,最主要是麵粉經由高溫糊化的程序,而造就蛋糕組織綿潤細緻的效果,又加上麵粉量低而蛋量偏高,因此特有的「蛋」糕香更甚於戚風蛋糕。

12

11

10

9

材料

黃金蛋糕

無鹽奶油	70 克
低筋麵粉	85 克
鮮奶	70 克
全蛋	60 克
蛋黃	110 克
蘭姆酒6克（約 1 又 1/2 小匙）	
蛋白	225 克
細砂糖	115 克

裝飾線條

蛋黃	1 顆

準備

- 依 p.12 將烤盤鋪紙。
- 低筋麵粉過篩。
- 將裝飾線條的蛋黃打散，裝入擠花袋內。

做法

1. 黃金蛋糕：無鹽奶油以小火煮至滾沸，熄火後立刻加入低筋麵粉快速拌勻（圖1）。

2. 鮮奶以小火煮至鍋邊冒小泡即離火，慢慢沖入做法❶中拌勻（圖2）。

3. 全蛋及蛋黃放在同一容器中攪散後，再慢慢加入拌勻（圖3）。

4. 加入蘭姆酒拌勻，即成蛋黃麵糊（圖4）。

5. 蛋白以電動攪拌機打至粗泡狀，再分3次加入細砂糖打至9分發，成為細緻滑順的蛋白霜，呈撈起後不滴落並且有小彎勾的狀態（圖5）。

6. 取約1/3分量的蛋白霜，加入做法❹的蛋黃麵糊內拌勻（圖6）。

7. 再倒回剩餘的蛋白霜內攪拌均勻（圖7）。

8. 將麵糊倒入已鋪紙的烤盤內（圖8），用小刮板將麵糊稍微抹平。

9. 裝飾線條：利用擠花袋將蛋黃液以來回的線條擠在麵糊表面（圖9）。

10. 用筷子將蛋黃線條來回畫出紋路（圖10）。

11. 烤箱預熱後，以上火180℃、下火160℃烤約10分鐘，上色後改成上火160℃、下火140℃，再烤約25分鐘。

12. 蛋糕出爐後，表面鋪一張烘焙紙，再壓一個烤盤（圖11）。

13. 接著翻面扣出蛋糕，趁熱撕開底紙（圖12）。

14. 接著再鋪一張烘焙紙，再壓一個長方形網架（或烤盤），將蛋糕翻回正面，冷卻後即可切塊。

這裡也要看

- 做法❾的擠花袋使用法，請依p.14的說明。
- 奶油及鮮奶皆勿加熱過度，稍微滾沸即熄火。
- 製作黃金蛋糕，特別需要掌握烘烤技巧，烤焙不足或烘烤過度，出爐即會塌陷扁縮。要特別注意，剛進爐時的烤溫要足夠，表面一旦上色即必須降溫，再慢慢烘烤，要確實烤透才能出爐。

黃金壽司蛋糕卷

這是「黃金蛋糕」的變化式，除了直接切塊食用外，還可做成直徑6吋或8吋的造型，甚至做成蛋糕卷夾上千變萬化的內餡也很棒，大家可應用書中的「杯子蛋糕」的各種霜飾做變化，還可參考《孟老師的美味蛋糕卷》一書，做出各式不同口味的黃金蛋糕卷。

這道鹹口味的蛋糕卷，外觀充滿親切感，柔嫩的蛋糕體包捲著新鮮又熟悉的滋味，鹹甜交融下口感毫不突兀，反而給味蕾帶來莫名的驚喜與滿足。我刻意將這道蛋糕卷做得比一般蛋糕卷「瘦」一些，因此將一盤蛋糕切成2片，成品顯得較優雅；如果為了省事，直接舖上餡料，將整盤捲起當然也行。

參考分量
2 捲
長度約20公分

材料

黃金蛋糕

無鹽奶油	50克
低筋麵粉	60克
鮮奶	50克
全蛋	40克
蛋黃	80克
蘭姆酒	1小匙
蛋白	160克
細砂糖	80克

配料

壽司用海苔片	4張
小黃瓜	1根
胡蘿蔔	1根
肉鬆	適量
沙拉醬	適量

準備

- 35×25×3 公分的直角烤盤。
- 依 p.12 將烤盤舖紙。
- 低筋麵粉過篩。
- 小黃瓜、胡蘿蔔切成條狀。

做法

1. 黃金蛋糕：依p.125做法❶~❽將麵糊製作完成。
2. 將麵糊倒入已舖紙的烤盤內，用小刮板將麵糊稍微抹平（圖1）。
3. 烤箱預熱後，以上火180℃、下火120℃烤約10分鐘，上色後改成上火140℃、下火120℃，再烤約10~15分鐘。
4. 蛋糕出爐後，表面舖一張鋁箔紙，再壓一個烤盤。
5. 接著翻面扣出蛋糕，趁熱撕開底紙（圖2）。
6. 捲蛋糕：待蛋糕體冷卻後，將蛋糕切為2片，撕開鋁箔紙（圖3），分別將每片蛋糕的一端斜切（圖4）。
7. 將蛋糕舖在烘焙紙上，蛋糕片斜切端朝外，在靠近自己的一端橫切3道刀痕（勿切到底）（圖5）。
8. 抹上少許沙拉醬（圖6）。
9. 再貼1張海苔片（圖7），再抹上少許沙拉醬（圖8）。
10. 舖上小黃瓜、胡蘿蔔及肉鬆，再擠少許沙拉醬於表面（圖9）。
11. 擀麵棍放在烘焙紙的下方，一手提起蛋糕，另一手固定住蛋糕另一端以免滑動（圖10）。
12. 往前捲起，將餡料包捲於蛋糕內（圖11）。
13. 用紙包捲好，兩端扭緊，冷藏約30分鐘以上定型後，再以利刀切片食用。
14. 另一片蛋糕則在內外面都抹沙拉醬並舖上海苔片，依上述做法舖入餡料並捲起（圖12）。
15. 將蛋糕卷用紙包捲好，兩端扭緊（圖13），冷藏30分鐘以上定型後，再以利刀切片食用。

這裡也要看

- 蛋糕出爐時，表面舖鋁箔紙再倒扣，冷卻後可輕易將蛋糕去皮。
- 做法❿餡料舖好後，最好在餡料上再擠少許沙拉醬，以免切片後餡料鬆散不成形。
- 請儘可能選擇優質肉鬆並詳閱成分標示，才能買到兼具美味與安心的肉鬆。
- 做法❼~⓬即成品照的左邊樣式，做法⓮即成品照的右邊樣式。

咖啡水晶蛋糕

二層蛋糕夾著一層布丁,表面還有一層晶瑩剔透的咖啡凍,切面的對比色立刻跳出來;多層次的蛋糕總讓人眼睛一亮,又可同時嚐到3種不同口味,給味蕾帶來極緻的享受。

其實做這類組合式的點心一點也不難,頂多費點工、花點時間而已,我常常做一些很「搞剛」(台語,意即費工)的點心,不但不嫌麻煩,反而覺得樂趣無窮,重點是超有成就感的,因為每每看到家人或朋友品嚐時的滿足表情,我比他們都還要開心,不管先前花了多少時間製作,一切都很值得喲!

材料

分蛋可可海綿蛋糕

無鹽奶油	30 克
無糖可可粉	15 克
蛋黃	75 克
細砂糖	20 克
蛋白	120 克
細砂糖	65 克
低筋麵粉	45 克

布丁夾層

蛋黃	25 克
吉利 T(果凍粉)	5 克
細砂糖	35 克
動物性鮮奶油	65 克
鮮奶	165 克

上層咖啡凍

吉利 T(果凍粉)	8 克
細砂糖	30 克
冷開水	280 克
即溶咖啡粉3克(約1大匙)	

準備

- 35×25×3 公分的直角烤盤鋪紙。
- 依 p.12 將烤盤鋪紙。
- 16×16 公分的慕斯框 1 個。
- 可可粉與低筋麵粉分別過篩。

13

做法

① 分蛋可可海綿蛋糕：奶油隔水加熱融化後，加入可可粉拌勻成為可可糊（圖1），熄火後持續放在熱水上保溫。

② 蛋黃加細砂糖隔水加熱並不斷攪拌（圖2），約至40℃後即離開熱水，繼續打發至顏色變淺。

③ 蛋白以電動攪拌機打至粗泡狀，再分3次加入細砂糖打至9分發，成為細緻滑順的蛋白霜，呈撈起後不滴落並且有小彎勾的狀態（依p.24圖7）。

④ 將做法②的蛋黃液倒入蛋白霜中大致拌勻（圖3），加入已過篩的麵粉（圖4），以刮刀翻拌均勻。

⑤ 取少許麵糊加入做法①的可可糊中拌勻（圖5），再倒回原來的麵糊內（圖6），攪拌成均勻的可可麵糊。

⑥ 將麵糊倒入已鋪紙的烤盤內，用小刮板稍微抹平（圖7）。

⑦ 烤箱預熱後，以上火180℃、下火140℃烤約10分鐘後，上色後改成上火150℃、下火120℃，再烤約10~15分鐘。

⑧ 蛋糕出爐後，表面鋪一張烘焙紙，再壓一個烤盤，接著翻面扣出蛋糕，趁熱撕開底紙。

⑨ 用慕斯框將蛋糕體切割出2片比模框稍大的蛋糕片，並先將一片蛋糕放入慕斯框內備用（底部需放墊板或平盤，以便移動）。

⑩ 布丁夾層：先將蛋黃放在容器內打散備用。

⑪ 將吉利T和細砂糖先乾拌混合（圖8）。

⑫ 動物性鮮奶油與鮮奶一同入鍋，再倒入混合好的砂糖與吉利T（圖9）。

⑬ 開小火邊煮邊攪，煮至約80℃左右，再慢慢地沖入做法⑩的蛋黃液中，並不斷攪拌（圖10）。

⑭ 接著再倒回鍋中，再繼續加熱至80℃左右即為布丁液，待稍降溫後，倒入做法⑨的模框內（圖11）。

⑮ 待布丁液稍凝結時，再放入另一片蛋糕片（圖12），用手輕輕地壓平。

⑯ 上層咖啡凍：將吉利T和細砂糖先乾拌混合，加冷開水煮至80℃左右即熄火。

⑰ 加入咖啡粉拌勻，待稍冷卻後倒在做法⑮的蛋糕上（圖13），冷藏約1小時定型後即可切塊。

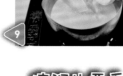

焙裡也要看

◎ 蛋糕片需裁切得比模框稍大，放入模內才卡得緊，以免布丁液或咖啡液滲漏到底部。

◎ 吉利T凝結的速度很快，稍降溫後，就必須趕緊入模，否則一旦凝結又得重新加熱。

◎ 採用吉利T是考量其凝結速度快，不必久候即能快速完成夾層的動作。

參考分量

1個
29×19×8公分
木框

蜂蜜蛋糕

和很多新手一樣,「蜂蜜蛋糕」是讓我最感到挫敗的一道點心,但卻是越挫越勇,對「它」充滿了執著與特別的情感。剛學烘焙時,也開始上網逛烘焙網站,孟老師的網站是我每日必到之處,第一次鼓起勇氣留言,問的就是蜂蜜蛋糕。當時用一指神功的打字速度,花一下午時間完成洋洋灑灑一大篇,未存檔就送出,沒想到全成了亂碼,當下簡直欲哭無淚,後來靠著好心的網友MM幫我轉檔,才寄給孟老師,於是成了我和老師結緣的開始。

我生病時,還特別吃到老師從日本帶回的「福砂屋」蜂蜜蛋糕,那份溫情到現在還留在心裡;聽說「福砂屋」(或其他也是)的蜂蜜蛋糕強調用料單純、風味傳統又純樸。

對很多家庭DIY的烘焙者而言,提到「蜂蜜蛋糕」就有一股又愛又恨的心情,很期待自己製作,但又覺得困難重重,於是讓人裹足不前;事實上,只要掌握幾個製作重點,注意攪拌手法以及烘烤訣竅,是很容易成功的。更令人讚許的是,在不加乳化劑(簡稱SP)的情況下,也能順利做出健康美味的「蜂蜜蛋糕」,不是美事一樁嗎?希望大家勇於挑戰喲!

材料

蜂蜜	45克
水麥芽	50克
水	10克
全蛋	320克
蛋黃	90克
細砂糖	300克
低筋麵粉	180克
高筋麵粉	20克
味醂	15克
溫水	45克

準備

● 依 p.13 將木框用牛皮紙包妥。

● 低筋麵粉及高筋麵粉混合過篩。

做法

1. 將蜂蜜、水麥芽及水放在同一容器中，隔水加熱至水麥芽溶化。

2. 將全蛋、蛋黃入盆打散，加入細砂糖，邊隔水加熱邊攪拌至約40℃後離開熱水，再快速打發至顏色變淺，體積增大約3~4倍，滴落的痕跡不會立刻消失。

3. 慢慢加入蜂蜜及水麥芽，並以中速攪拌約1分鐘（圖1），再改低速攪拌約1分鐘左右以消除大氣泡。

4. 將過篩後的麵粉，分3次加入做法❸的蛋糕中，以打蛋器自盆底輕輕撈拌，同時邊轉動攪拌盆邊抖落麵糊（圖2）。

5. 加完麵粉後，大約拌至無粉粒時，即改用刮刀翻拌均勻（圖3）。

6. 味醂和溫水倒在同一容器內，再加入少部分麵糊拌勻（圖4）。

7. 再倒回做法❺的麵糊內（圖5），以刮刀輕輕拌勻。

8. 麵糊靜置約10分鐘後，再次將麵糊輕輕拌勻，倒入木框內（圖6）。

9. 烤箱預熱後，以上火180℃、下火150℃烤約2~3分鐘結皮後，拖出烤盤，以噴霧器在表面噴水（圖7），用刮刀以前後方向垂直切拌麵糊，再左右方向橫切（圖8）。

10. 繼續烘烤約2分鐘後，再重複做法❾的動作，總共切拌3次，第1次拌到底部但避免刮到底紙，第2次只拌上半部，第3次只拌表面。

11. 經3次切拌後，繼續烘烤約15~20分鐘至表面呈理想色澤（圖9）。

12. 舖1張不沾布（圖10），倒扣一個直角烤盤（圖11），並降溫成上火160℃、下火150℃，再續烤約35~40分鐘。

13. 出爐後，連同表面的不沾布和烤盤翻面，移走木框，撕開牛皮紙，再撕除底紙（圖12）。

14. 最後將蛋糕翻回正面，放在網架上，冷卻後即可切片（圖13）。

這裡也要看

◎ 水麥芽可以等量的蜂蜜取代，但蜂蜜增多後較會提高沉澱的風險，新手若無把握，也可提高水麥芽的比例，甚至全部以水麥芽取代蜂蜜。

◎ 做法❽的麵糊拌好後需靜置，是為了消除大氣泡以使成品組織細緻；做法❾的切拌動作目的也是消除大氣泡，並使麵糊溫度平均。

◎ 牛皮紙也可用白報紙代替，而墊底的紙張不建議用報紙，否則經過高溫烘烤，難免有釋放毒氣的疑慮。

◎ 舖紙時將紙頭壓在木框底部即可，不需用膠帶、膠水這類含有化學黏著劑的東西，以免烘烤時釋放毒氣；也不必用麵糊沾黏在木框上，而導致木框黏附烤焦的麵糊而難以清洗。

◎ 因麵糊需要長時間烘烤，使用木框導熱較慢，並使麵糊受熱均勻；若使用一般金屬製烤盤亦可，但需在烤盤內多墊幾張牛皮紙，以避免蛋糕週邊出現焦化過乾現象。

蛋卷

參考分量
約20根
長約20公分

過去蛋卷是老少咸宜的伴手禮,近年來經由網路的推波助瀾,居然成了團購的熱門點心;由於製作蛋卷的機器並不難買,所以很多人喜歡自製蛋卷,享受動手「捲」的樂趣,而我曾經也上過幾堂蛋卷課,才知道原來看似簡單的製作,其實操作上還是有許多「眉角」(台語,訣竅之意)。

從多次的學習與試做經驗得知,蛋卷的麵糊內含油量極高,才能呈現強烈的酥鬆度,可怕的是,如果以大量的酥油或雪白油製作,吃進肚子裡不是對身體造成極大負擔嗎?

為了兼顧美味與健康,我特別將蛋量提高,油脂稍微降低,並使用天然奶油製作,也做了不同口味蛋卷,希望大家多多嘗試喔!

材料

原味蛋卷麵糊

無鹽奶油	200 克
鹽	1/4 小匙
細砂糖	140 克
全蛋	360 克
低筋麵粉	160 克

可可蛋卷

原味蛋卷麵糊	200 克
無糖可可粉	10 克

紅麴蛋卷

原味蛋卷麵糊	200 克
紅麴粉	10 克

抹茶蛋卷

原味蛋卷麵糊	200 克
抹茶粉	10 克

海苔蛋卷

原味蛋卷麵糊	200 克
海苔粉	5 克
	(約2大匙)

準備

- 蛋卷機。
- 無鹽奶油秤好後,放在室溫下回溫軟化。
- 糖粉、低筋麵粉、無糖可可粉、紅麴粉及抹茶粉,分別過篩。

做法

1. 將奶油加入細砂糖及鹽,以橡皮刮刀稍壓(圖1),打發至顏色變淡(圖2)。
2. 全蛋攪散後,分次加入攪打均勻(圖3)。
3. 加入已過篩的低筋麵粉,用打蛋器攪拌均勻成為原味麵糊(圖4)。
4. 在原味麵糊中各取200克,分別加入可可粉、抹茶粉、紅麴粉、海苔粉調成各色麵糊(圖5)。
5. 蛋卷機在爐火上預熱約3-5分鐘,兩面皆需熱透,舀約30克麵糊倒在中心處(圖6)。
6. 蓋上蛋卷機兩面夾緊,中途要翻面2~3次,以小火煎至輕微上色,即可利用耐熱鍋鏟輔助捲起一端,第1圈要用鍋鏟向內壓緊(圖7),接著邊捲起可邊利用鍋鏟幫忙推動,大約捲到蛋卷機的1/2處(圖8),再手持捲棒的兩端順勢往外捲到底,收口壓在底部,壓住約10~20秒使之定型(圖9)。
7. 架在烤盤上稍冷卻幾分鐘後(圖10),即可密封保存。

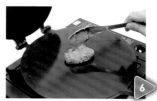

◎ 可依個人喜好在各色麵糊裡額外加入黑、白芝麻（200克麵糊大約加1大匙熟芝麻）；另除了上列口味的蛋卷外，還可自由延伸變化，皆以原味麵糊為基底，例如添加適量香蔥末、香蒜粒、洋蔥粉，或是在原味麵糊內加入香菜葉……等。

◎ 蛋卷機預熱的時間一定要足夠，否則煎好會黏在煎盤上無法順利捲起。

◎ 捲蛋卷時時請用木鏟或耐熱鍋鏟輔助壓推，勿使用鐵製刮板以免刮傷鐵氟龍煎板，不建議使用非耐熱的塑膠板。

低脂蛋卷

顧名思義「低脂蛋卷」內的含油量較低，因此無法呈現一般的酥鬆度，我曾經做過這種另類蛋卷，香脆的口感也別有滋味；有興趣的話，大家不妨照下面食譜做做看。

參考分量　約20根

材料

原味蛋卷麵糊

無鹽奶油	100 克
鹽	1 克
糖粉	160 克
全蛋	200 克
低筋麵粉	200 克

做法與口味變化同上

巧克力秒殺蛋糕

這是一款「古典巧克力蛋糕」的改良版,看似陽春的造型,卻有著火熱濃烈的巧克力風情;並以鬆軟綿密的戚風蛋糕呈現,少了傳統口味的厚重感,卻不減香濃迷人的巧克力滋味,表面只需淋上光可鑑人的巧克力醬,就勝過任何花俏的裝飾。

這道極具質感的蛋糕,在我家算是秒殺蛋糕,小拉拉一次可吃上半個呢!

材料

巧克力蛋糕

沙拉油	50 克
鮮奶	80 克
無糖可可粉	15 克
苦甜巧克力	100 克
蛋黃	90 克
蛋白	180 克
細砂糖	120 克
低筋麵粉	75 克

巧克力淋醬(Ganache)

動物性鮮奶油	150 克
苦甜巧克力	120 克
無鹽奶油	12 克

準備

● 奶油秤好後,放在室溫下回溫軟化。
● 低筋麵粉、可可粉分別過篩。

做法

❶ 巧克力蛋糕:鮮奶和沙拉油加熱至微微沸騰後熄火,加入可可粉拌勻(圖1),加入巧克力拌勻(圖2)。

❷ 加入蛋黃(圖3),拌成均勻的巧克力蛋黃糊(圖4)。

❸ 蛋白以電動攪拌機打至粗泡狀,再分3次加入細砂糖續打至約7-8分發,撈起蛋白霜後不會滴落,出現柔軟的小彎勾(依p.24圖5)。

❹ 取約1/3分量的蛋白霜加入做法❷的巧克力蛋黃糊內,用打蛋器或橡皮刮刀輕輕拌合(圖5)。

❺ 拌至8分均勻後,加入約1/3分量的低筋麵粉,輕輕地從盆底刮起翻拌均勻(圖6)。

❻ 再將剩餘蛋白霜和粉料分別交錯加入,繼續用橡皮刮刀翻拌均勻(圖7)。

❼ 將麵糊分別倒入2個烤模內(圖8)。

❽ 烤箱預熱後,以上火170、下火150烤約25~30分鐘,出爐後倒扣在網架上冷卻備用。

❾ 巧克力淋醬:鮮奶油和巧克力入盆,隔水加熱攪拌至巧克力融化(圖9)。

❿ 巧克力融化後,再加入奶油拌勻(圖10),即成巧克力淋醬(圖11)。

⓫ 蛋糕冷卻後,用小尖刀(或脫模刀)將蛋糕脫模,修去不平整的表皮。

⓬ 桌面上鋪一張保鮮膜並放一個網架,將蛋糕放在網架上,底部當面,用剪刀將邊緣稜線稍加修剪,將巧克力淋醬從蛋糕體中心處淋下(圖12),再以雙手持網架左右傾斜,使淋醬平均地流洩而下(圖13),再輕敲網架,使巧克力淋醬更平整均勻。

⓭ 將蛋糕冷藏約30分鐘以上,待巧克力淋醬凝固後,即可切片食用。

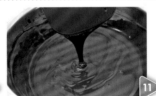

這裡也要看

◎ 做法⓬在網架下方鋪一張保鮮膜,可將滴落的巧克力醬回收後再隔水加熱使用。

◎ 可將蛋糕橫切成2~3片,夾層內抹上個人喜愛的夾心餡。

爆漿菠蘿泡芙

泡芙是我剛學烘焙時的入門點心，自從學會做菠蘿泡芙之後，未加菠蘿皮的泡芙就不受青睞了；雖然做菠蘿皮多了一道手續，但在我家卻省略不得，因為泡芙上蓋一張菠蘿皮後，顯得更加美味。甚至將菠蘿泡芙烤酥烤透，即使不加任何餡料也夠好吃囉。

但是做媽媽的，不可能偷懶不填餡啦，因為只需要多花一些時間，卻能創造出加倍幸福的美味：特別的是，填餡後馬上吃具有爆漿效果，冷凍後，又另有類似冰淇淋的口感，超棒的團購點心自己做，吃得才過癮呀！

材料

菠蘿皮

無鹽奶油	30 克
細砂糖	15 克
低筋麵粉	30 克
杏仁粉	10 克

泡芙麵糊

鮮奶	50 克
水	50 克
無鹽奶油	45 克
中筋麵粉	60 克
全蛋	105 克

乳酪卡士達

蛋黃	30 克
細砂糖	30 克
低筋麵粉	10 克
鮮奶	150 克
香草莢	1/3 條
無鹽奶油	5 克
奶油乳酪	80 克
糖粉	15 克
動物性鮮奶油	90 克

準備

- 奶油和奶油乳酪分別秤好後，放在室溫下回溫軟化。
- 30 克低筋麵粉和杏仁粉混合過篩。
- 10 克低筋麵粉、中筋麵粉、糖粉分別過篩。
- 依 p.14 分別將口徑約 1 公分的平口擠花嘴（擠麵糊用）及細長擠花嘴裝入擠花袋內（擠內餡用）。

做法

❶ 菠蘿皮：將奶油打軟後，加入細砂糖，以打蛋器拌勻（圖1）。

❷ 加入過篩的低筋麵粉和杏仁粉，用橡皮刮刀翻拌成糰（圖2）。

❸ 將麵糰放在桌面上搓成直徑約3公分的圓柱體（圖3），用塑膠袋包好，冷凍約1小時至凝固。

❹ 泡芙麵糊：將鮮奶、水及奶油入鍋，以小火煮至沸騰，接著加入中筋麵粉（圖4），用木匙快速拌勻即熄火（圖5）。

❺ 待稍微降溫後，分次加入打散的蛋液（圖6），每加入一次都要用木匙或硬質刮刀攪拌均勻，直到和蛋液充分融合，再加下一次的蛋液（圖7）。

❻ 拌好的麵糊舀起時，沾附在刮刀上的麵糊呈倒三角形的片狀（圖8）。

❼ 用圓形框模或其他的壓模器沾少許麵粉，在烤盤上蓋出圈形印子（圖9），並留出適當間距。

❽ 將泡芙麵糊裝入擠花袋，在印子內擠出小圓堆（圖10）。

❾ 取出冰硬的菠蘿皮麵糰，切成約0.2公分的圓片狀（圖11）。

❿ 將圓片狀麵糰覆蓋在麵糊上（圖12）。

⓫ 烤箱預熱後，以上火180℃、下火200℃烤約10分鐘，改成上火180℃、下180℃，再烤約20~25分鐘，出爐後冷卻備用。

⓬ 乳酪卡士達：依p.25做法❶~❾將卡士達製作完成，冷卻備用。

⓭ 將奶油乳酪加入糖粉，先用橡皮刮刀拌合，再打發至顏色變淺，成為鬆發的奶油乳酪糊。

⓮ 將卡士達再攪拌成乳滑狀態，再加入奶油乳酪糊拌勻（圖13）。

⓯ 依p.17的「打發鮮奶油要隔冰塊水」將動物性鮮奶油打至8分發，加入做法⓮的材料內，攪拌均勻即成乳酪卡士達（圖14）。

⓰ 將乳酪卡士達裝入擠花袋內，利用細長擠花嘴將泡芙底部戳洞後直接擠入餡料（圖15）。

這裡也要看

◉ 做法❸的菠蘿皮麵糰搓成圓柱體時，可撒少許麵粉，以防止沾黏。

◉ 烘烤時，前20分鐘內，當泡芙尚未定型前，不可打開烤箱，以免泡芙塌陷。

◉ 泡芙麵糊若無法一次用完需封好，以免風乾影響成品的膨脹度。

◉ 做法❼先在烤盤上用麵粉壓出圓圈印子，是爲了便於擠出大小一致的麵糊，可選擇任何方便壓印的模框；可隨個人喜好擠出麵糊的尺寸，但需控制大小要一致，以免受熱上色的時間不平均。

◉ 泡芙餡料可以自行變化，例如選擇牛奶戚風杯的內餡等。

依然是
糖、油、蛋、粉
的美妙變化！

美味來自於故事？

西點蛋糕源自於歐美地區，許多著名的糕點自有其典故或傳說，跨越時空後流傳至世界各地，成為知名的經典美味。傳說中有很多誤打誤撞而衍生的意外美味，讓很多人品味再三，例如p.140 澳洲萊明頓、p.156 布朗尼及p.146 馬德蕾妮等；有些則是帶有濃厚的地方色彩，例如：p.152 迷你黑森林蛋糕及p.160 達克瓦茲；有些是以完美搭配或變換組合而取勝的，例如：p.144 德國布丁及p.142 千層可麗餅；甚至以特殊風味或外型教人印象深刻的，例如：p.148 費南雪、p.150 荷蘭餅、p.154 舒芙蕾及p.158 巧克力岩漿蛋糕等。

世界知名點心當然不只這些，以上介紹的僅是具代表性或眾人耳熟能詳的品項；當然有不少遺珠之憾，但因考量操作的困難度易造成挫折感，因而捨棄未列入書中食譜。

我希望將這些知名糕點，盡量以真實自然的樣貌呈現，並同樣堅持絕不放任何化學添加物；但有些慣於使用泡打粉製造蓬鬆效果的糕點，很簡單地，就是藉由杏仁粉的質地或蛋白的打發性，使得產品依然鬆軟美味，例如：p.146 馬德蕾妮、p.148 費南雪。

第一眼
就能叫出名字

外型的印象

無論何種歐美名點，其外型的特殊性，往往賦予產品的識別性，如果完全改變外觀，就無法「忠於原味」囉！因此製作馬德蕾妮，你必須準備貝殼烤模；製作費南雪，則必須呈現一塊塊的「金磚」模樣；而鬆軟酥爽的達克瓦滋，千萬別弄成塊頭過大的蛋糕造型；當然黑森林蛋糕，肯定不能改成白巧克力的外觀，否則如何稱呼其名？即便以迷你版呈現的黑森林蛋糕，雖然尺寸變小，但仍不失該有的原貌；另外小家碧玉型的布朗尼，則不必大費周章的準備特殊烤模，只要想辦法將成品以樸實方塊狀呈現即可；總之，所有成品的製作模式，掌握該有的造型元素，才不負原有意義囉！

5 歐美名點
必學必做的知名糕點

最佳賞味

常溫型：產品適合放在室溫下密封存放，不會變形變質，以常溫品嚐即可，例
如：p.140 澳洲萊明頓、p.144 德國布丁、p.146 馬德蕾妮、p.148
費南雪、p.156 布朗尼及p.160 達克瓦茲等。

冷藏型：產品本身或餡料必須冷藏存放，保持應有的質地，才能品嚐最佳美味，
例如：p.140 澳洲萊明頓、p.142 千層可麗餅及p.152 迷你黑森林蛋糕
等。

現做現吃型：成品完成後，在短時間內即會改變質地或風味，因此必須即刻掌握
最佳品嚐時機，例如：p.150 荷蘭餅、p.154 舒芙蕾及p.158 巧克
力岩漿蛋糕。

澳洲萊明頓

萊明頓是以前澳洲昆士蘭州一位總督伯恩·萊明頓（Baron Lamington）的名字。傳說有一天總督家的傭人不小心把蛋糕掉入巧克力漿內，沒想到總督一吃卻愛上這道糕點，還發明裹上椰子粉的吃法，此後成為澳洲著名的傳統點心，幾年前台灣知名的連鎖咖啡廳也引進販售。正方塊的小蛋糕，外型雖然樸素，卻是我家人非常喜愛的小糕點。除了裹上一層巧克力漿外，也可裹上抹茶口味的巧克力，再沾一層椰子粉，香濃軟口，頗具特色，深深擄獲人心，可謂老少咸宜。

材料

全蛋海綿蛋糕

鮮奶	30克
無鹽奶油	30克
全蛋	275克
蛋黃	40克
細砂糖	150克
低筋麵粉	150克

黑巧克力漿

鮮奶	40克
動物性鮮奶油	120克
細砂糖	20克
無糖可可粉	10克
苦甜巧克力	150克

抹茶巧克力漿

鮮奶	30克
動物性鮮奶油	120克
細砂糖	15克
抹茶粉	2小匙
白巧克力	150克

裝飾

椰子粉	適量

準備

● 依 p.12 將 35×25 公分直角平烤盤鋪紙。

做法

① **全蛋海綿蛋糕**：將鮮奶與奶油隔水加溫至約40℃備用。

② 將全蛋、蛋黃入盆打散，加入細砂糖（圖1），邊隔水加熱邊攪拌至約40℃後離火，再用攪拌機快速打發。

③ 快速打至濃稠狀、顏色變淺，滴落的痕跡可以畫出線條（圖2），即轉慢速續打約1分鐘消除大氣泡。

④ 分3次加入篩過的低筋麵粉，以打蛋器自盆底輕輕撈拌（圖3），同時邊轉動缸盆邊抖落麵糊（圖4），拌勻至無粉粒的細緻麵糊。

⑤ 取少部分的麵糊與做法①的油水拌勻（圖5），再倒回原來的盆內（圖6），以刮刀輕輕拌勻（圖7）。

⑥ 將麵糊倒入烤盤內（圖8），用小刮板稍微抹平。

⑦ 烤箱預熱後，以上火180℃、下火140℃烤約12分鐘至上色，再改成上火160℃、下火140℃烤至手指按壓有彈性即熟，全程共約20~25分鐘。

⑧ 蛋糕出爐後，立刻倒扣在紙上，撕開邊紙及底紙放涼備用（圖9）。

⑨ **黑巧克力漿**：鮮奶、動物性鮮奶油和細砂糖一同入鍋，小火煮至細砂糖融化且鍋邊冒小泡即離火，先倒入少量的熱奶液於可可粉中攪成可可糊（圖10），再慢慢加入全部的奶液拌勻。

⑩ 趁熱加入巧克力拌勻，即為黑巧克力漿（圖11）。

⑪ **抹茶巧克力漿**：同做法⑨、⑩，將可可粉改為抹茶粉、黑巧克力改為白巧克力，即成抹茶巧克力漿（圖12）。

⑫ **組合**：將蛋糕去皮並切成約4×4公分的正方塊，先沾裹一層巧克力漿（或抹茶巧克力漿）（圖13），接著裹上椰子粉即可（圖14）。

這裡也要看

- 海綿蛋糕的質地較戚風蛋糕結實，更適合沾裹巧克力漿，且不易變形。

- 市售的萊明頓有各種顏色，看似繽紛，其實是巧克力漿裡含有色素和香料，例如最討喜的粉紅色，只要幾滴草莓香精或使用所謂的草莓巧克力即可達到效果。

千層可麗餅

曾幾何時,千層蛋糕已經成為蛋糕店的明星商品。何其繁複的手工!一張一張煎出來的餅皮,一層一層疊上去的餡料,自行製作才了解耗時費工,因此售價自然不低;夾入新鮮的水果與香滑的卡式達,切片食用時,視覺與味覺都是一大享受。

材料

薄餅麵糊

全蛋	120 克
細砂糖	30 克
低筋麵粉	40 克
鮮奶	85 克
動物性鮮奶油	85 克

香草卡士達

蛋黃	45 克
細砂糖	40 克
低筋麵粉	15 克
香草莢	1/4 條
鮮奶	215 克
無鹽奶油	10 克

內餡水果

草莓、奇異果、芒果等 新鮮水果切片	適量

準備

● 平底鍋 1 只

做法

1 **薄餅麵糊**：將全蛋入盆打散，加細砂糖攪拌均勻。

2 加入麵粉拌勻至無粉粒的細緻麵糊。

3 將鮮奶與鮮奶油放在同一容器內，再倒入麵糊內拌勻，冷藏約3小時後過篩備用。

4 平底鍋加熱，以紙巾均勻地抹上少量的奶油（份量外）。

5 舀入麵糊立刻轉動鍋子，使麵糊平均攤開於鍋面。

6 以小火煎至邊緣變乾且稍微上色，即可準備翻面。

7 翻面後續煎約5秒即可剷出。

8 攤在網架上放涼備用。

9 **香草卡士達**：依p.25的「卡士達做法」將卡士達製作完成，以保鮮膜密貼冷藏備用。

10 **組合**：先將卡士達攪拌呈滑順狀，取適量抹在薄餅上。

11 接著鋪上水果片，並重複疊薄餅、抹卡士達、鋪水果片的動作。

12 依個人喜好可疊6～10層，冷藏定型後即可依個人喜好撒糖粉裝飾，再切片食用。

- 薄餅麵糊內並未使用奶油，可避免冷藏後變硬。
- 煎薄餅前，必須先熱鍋，以免餅皮黏鍋；可滴入少許麵糊測試，若瞬間發出ㄕ聲，即表示已達熱鍋狀態。
- 煎薄餅時，最好使用不沾鍋，除煎第1張要抹上少量的油脂外，後續的餅皮則可省略抹油動作。

德國布丁

參考分量
約8個
內徑7×高3.5公分
布丁模

這是我大伯最喜愛的一道點心,他第一次在連鎖咖啡廳吃到德國布丁時大為驚艷,此後每次去咖啡廳就非買不可。於是我試著做給家人吃,酥脆的塔皮和濃滑的乳酪布丁,兩者真是絕佳組合,難怪大伯這麼喜愛。也許是由於德國南部盛產櫻桃,根據住在德國的網友提及,布丁餡內還會加酒漬黑櫻桃,不過台灣的店家通常是以浸泡蘭姆酒的葡萄乾取代,其酸甜香的風味在濃滑的布丁內也非常提味。

剛烤好的布丁充滿濃郁的蛋香與奶香,冷藏過口感更加綿密,另有風味。

材料

塔皮

無鹽奶油	120 克
糖粉	50 克
全蛋	25 克
低筋麵粉	160 克
奶粉	15 克

乳酪布丁餡

奶油乳酪	85 克
(cream cheese)	
細砂糖	40 克
鮮奶	130 克
動物性鮮奶油	130 克
香草莢	1/3 條
蛋黃	85 克
葡萄乾	25 克
檸檬汁	1 小匙
蘭姆酒	1 大匙

準備

● 布丁模內刷一層奶油。

● 麵粉及奶粉混合過篩。
● 奶油、奶油乳酪分別秤好後,放在室溫下回溫軟化。

做法

1. 塔皮:將奶油放在室溫下回軟,加入糖粉,以橡皮刮刀稍壓(**圖1**),用攪拌機打發至顏色變淡後,加入蛋液打勻(**圖2**)。
2. 加入篩過的低筋麵粉和奶粉,以刮刀翻拌均勻成糰(**圖3**)。
3. 將麵糰壓扁並用保鮮膜包好,冷藏約1小時備用(**圖4**)。
4. 乳酪布丁餡:將奶油乳酪於室溫下回軟,以刮刀壓成軟滑狀(**圖5**)。
5. 將細砂糖、鮮奶、鮮奶油及香草莢依序放入鍋中,小火加熱至砂糖溶化,成為熱奶液(**圖6**)。
6. 先取出熱奶液內的香草莢,再倒入約1/3的分量於奶油乳酪中,用打蛋器攪拌均勻,儘量攪至無顆粒狀(**圖7**)。
7. 分次加入蛋黃液攪拌均勻(**圖8**)。
8. 加入剩餘的熱奶液拌勻即成布丁液(**圖9**),再加入葡萄乾、檸檬汁和蘭姆酒拌勻(**圖10**),待涼備用。
9. 組合:將塔皮麵糰分割成每個約45克,沾少量麵粉用手壓成圓片狀(**圖11**),再鋪在布丁模內,以指腹推勻(**圖12**),用刮板修去杯緣多餘的麵皮。
10. 用篩網將葡萄乾撈出,平均放入塔皮內(**圖13**)。
11. 將布丁液倒入塔皮內至9分滿(**圖14**),烤箱預熱後,以上火180℃、下火200℃烤約15~20分鐘即可。

- 做法❺的香草莢剖開後取出香草籽，連同外皮與鮮奶一起加熱（如p.18的「香草莢怎麼用」）。

- 一般市售的德國布丁會將表面烤出黑點，如果不喜歡焦化的表皮，可將上火的烤溫減爲160℃，並多烤5~10分鐘。

- 塔皮經過冷藏鬆弛才好操作，如夏天回溫快，麵糰出現濕黏現象，則需再冷藏；剩餘麵糰集合起來輕輕壓疊，經鬆弛後仍可回收使用。

- 做法❽的檸檬汁和蘭姆酒可先放在同一容器中。

- 成品盡量別冷藏太久，否則塔皮會回軟。

料理也要有

參考分量
約 11 個
貝殼模 7×7 公分

馬德蕾妮

馬德蕾妮（Madeleine）是法國傳統糕點，經典的貝殼造型是其特色，常見的配方多半會加入泡打粉，麵糊經過一夜的鬆弛，烘烤後表面會膨脹隆起成小丘狀；其實傳統做法也有不加泡打粉的方式，雖然成品表面沒有「激凸」效果，然而口感絲毫不遜色，甚至更加濕潤柔軟，有興趣不妨比較看看。

材料

全蛋	150 克
細砂糖	110 克
蜂蜜	15 克
柳橙汁	20 克
柳橙皮屑	1 個
低筋麵粉	75 克
杏仁粉	40 克
無鹽奶油	120 克

準備

- 無鹽奶油隔水融化。
- 模型內先刷上薄薄的奶油，再撒上均勻的麵粉，並反扣敲出多餘的麵粉。
- 依 p.14「擠麵糊用」準備擠花袋一只。

做法

1　細砂糖加入全蛋內，隔水加溫至約45~50℃即離開熱水，並持續以打蛋器攪拌至細砂糖融化。

2　用橡皮刮刀將蜂蜜刮入蛋糊內，用打蛋器攪拌均勻。

3　加入柳橙汁並刨入柳橙皮屑拌勻。

4　低筋麵粉和杏仁粉混合篩入。

5　用打蛋器拌勻。

6　分次加入融化奶油。

7　繼續用打蛋器攪拌均勻，成為光滑細緻的麵糊。

8　覆蓋保鮮膜冷藏鬆弛至少6小時。

9　將麵糊裝入擠花袋內，再擠入模型內約9分滿，烤箱預熱後，以上火190℃、下火190℃烤約10~15分鐘。

◉利用擠花袋擠麵糊，可方便控制分量，若無法取得，則利用小湯匙將麵糊直接舀入模型內亦可。

◉傳統製作馬德蕾妮，通常會將奶油加熱至焦化狀，焦化後的奶油帶有榛果香氣，而出現的奶油渣也需保留使用，以增添產品風味；以此作法也常用於費南雪（p.148），但唯恐焦化奶油有礙健康，因此只單純將奶油融化製作；如果你喜愛帶有榛果香的奶油，可試著將奶油以小火加熱煮焦，過篩後再加入麵糊內即可。

這裡也飄香

費南雪

費南雪（Fiancier）意譯為金融家蛋糕，或取其外型直接名為「金磚」；費南雪是巴黎的一家蛋糕店主廚特意設計的蛋糕，因靠近巴黎的證券交易所，許多專注於看盤而沒時間食用正餐的經理人，喜歡以手拿取小巧的費南雪，免用刀叉食用，對忙碌的人而言甚為方便。

費南雪內含有大量的杏仁粉與奶油，造就濕潤口感與獨具魅力的香氣，由於用料成本高，加上「貴氣」的金磚造型，除了頗具「價值感」外，美味更是不遑多讓；每當我做點心招待親友們時，費南雪向來穩居最受青睞的排行榜前3名，幾乎無人不誇讚，做法也很簡單，你一定要試試！

參考分量
約 12 個
9.5×4.5公分

材料

蛋白	135 克
細砂糖	85 克
蜂蜜	10 克
低筋麵粉	25 克
杏仁粉	115 克
無鹽奶油	115 克

準備

● 無鹽奶油隔水融化。

做法

1 蛋白加細砂糖隔水加溫至約45~50℃即離開熱水，並以打蛋器不斷攪拌至細砂糖融化即可。

2 用橡皮刮刀將蜂蜜刮入拌勻。

3 低筋麵粉和杏仁粉混合篩入。

4 分次加入融化奶油。

5 繼續用打蛋器攪拌均勻。

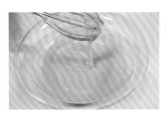

6 拌好的麵糊呈細緻光滑狀。

7 覆蓋保鮮膜冷藏鬆弛至少約6小時以上。

8 在模型內均勻地刷上一層奶油。

9 再均勻地撒上麵粉，再反扣模型，敲出多餘的麵粉。

10 將麵糊裝入擠花袋內，再擠入烤模內約8分滿，烤箱預熱後，以上火190℃、下火190℃烤約15分鐘，冷卻後再脫模即可。

◉依p.14「擠麵糊用」使用擠花袋擠麵糊。

◉如果使用不沾的烤模，只需抹油不必撒粉。

◉利用擠花袋擠麵糊，可方便控制份量，若無法取得，則利用小湯匙將麵糊直接舀入模型內亦可。

◉做法⑩將麵糊擠完後，需將烤模分開留出間距，以使每個烤模平均受熱。

◉費南雪的外表呈琥珀色的華貴質感，因此應避免使用矽膠模，否則成品上色不易，即失去該有的外觀特色。麵糊的含油量高，經由高溫烘烤後，易使矽膠模脆化並產生劣變。

◉費南雪和馬德蕾妮（p.146）同屬常溫蛋糕，最好能密封保存1~2天後食用，口感更為濕潤柔軟⑩

這裡也要看

荷蘭餅

荷蘭餅（Stroop waffles）是一種薄脆的煎餅，我第一次吃到的是孟老師特地從台中帶來給我品嚐的，兩片脆餅夾著焦香黏稠的焦糖醬，絕妙滋味令人難忘；於是我們決定研發這一道點心，感謝孟老師提供了寶貴的意見，直接將脆硬性的蛋捲麵糊稍做改良，於是搬出家裡的煎餅機，沒想到一試成功！

雖然台灣不常見到，但根據荷蘭的網友描述，這道點心是荷蘭街頭常見的庶民點心，現點現煎後，將焦糖醬直接抹在脆餅上，再蓋上另一張即可品嚐；如果處在寒冷低溫環境，脆餅內的焦糖醬會變硬，因此食用前可將脆餅放在熱咖啡的杯口上，藉由咖啡熱氣即可軟化餅內的焦糖醬。

參考分量
約 18 片
直徑約 9 公分

材料

脆餅麵糊

無鹽奶油	50 克
糖粉	40 克
全蛋	100 克
低筋麵粉	60 克

太妃焦糖醬

細砂糖	75 克
動物性鮮奶油	50 克

準備

● 多功能鬆餅機與脆餅烤盤。

做法

① **脆餅麵糊**：奶油放在室溫下回軟，加糖粉先以刮刀大致壓勻，再用攪拌機打發至顏色變淡，全蛋攪散後分4次加入攪拌均勻（**圖1**）。

② 為避免油水分離現象，第三次加蛋液前，先加入約1/4分量的麵粉拌勻，蛋液全部加入拌勻後，再加入剩餘的麵粉以慢速拌勻（**圖2**），蓋上保鮮膜鬆弛30分鐘（**圖3**）。

③ 薄餅烤盤預熱後，舀入適量麵糊（**圖4**）。

④ 蓋上上蓋，大約煎2分鐘至上色即可剷出（**圖5**）。

⑤ **太妃焦糖醬**：先將單柄鍋稍加熱後，倒入細砂糖（**圖6**），以中小火煮至鍋邊的細砂糖融化且上色後（**圖7**），即輕輕地攪動鍋中的細砂糖（**圖8**），續以小火熬煮。

⑥ 煮糖的同時，將鮮奶油加熱至95℃，待糖漿不斷冒煙且成為琥珀色的焦糖時即熄火（**圖9**），慢慢加入熱鮮奶油（**圖10**）。

⑦ 用木匙慢慢攪拌均勻（**圖11**）。

⑧ 放在室溫下，冷卻後即為太妃焦糖醬（**圖12**）。

⑨ **組合**：待脆餅冷卻後，兩片之間抹上適量的太妃焦糖醬即可（**圖13**）。

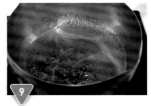

◎ 這道點心是以格子狀的脆餅烤盤機器製作，若沒有這樣的機器，亦可使用蛋捲機製作薄脆餅。與製作蛋捲同樣方式，舀入少量麵糊後，將上下蓋夾緊，兩面煎熟即可。雖然煎好的餅面沒有格紋，但薄脆的口感毫不打折，事實上從資訊報導中，可見荷蘭街頭的小販所做的荷蘭餅有些也是使用平板煎的，所以餅面有無格紋不是那麼重要。

◎ 脆餅麵糊裡可依個人喜好加入少許的肉桂粉增添風味。

◎ 煮焦糖醬時為避免溫差過大，因此必須將鮮奶油加熱後再倒入焦糖中，才不會出現結塊現象，同時注意要分次少量加入，待全部加完後才可攪拌，以免滾熱糖漿噴出濺傷，請務必小心。

這裡也要看

參考分量
2個
直徑約9公分

迷你黑森林蛋糕

在台灣，黑森林蛋糕一向是店家的萬年不敗商品，深受大眾喜愛。傳統黑森林蛋糕多半採用海綿蛋糕，刷上櫻桃酒糖液並夾入酒漬黑櫻桃，嚴格說來，一般戚風蛋糕的柔軟質地並不太適合做成黑森林蛋糕，然而多數人仍偏好戚風蛋糕的口感，而這一份可可戚風蛋糕的配方經過改良後，味道更濃郁且夾餡後的蛋糕體也不易變形；特別的是，製成迷你版，可愛模樣很討喜，當作禮物送人十分受歡迎。

材料

可可戚風蛋糕

液態植物油	40 克
無糖可可粉	15 克
蛋黃	70 克
鮮奶	40 克
蘭姆酒	10 克
低筋麵粉	55 克
蛋白	140 克
細砂糖	90 克

表面裝飾

動物性鮮奶油	200 克
細砂糖	15 克
苦甜巧克力	1 塊
新鮮櫻桃	數顆

準備

- 依p.12將35×25公分直角平烤盤鋪紙。
- 低筋麵粉與可可粉分別過篩。
- 巧克力磚以削皮刀刮成煙捲狀。

- 櫻桃切半取籽後，再切成片狀。
- 準備直徑9公分的壓模器。

做法

❶ **可可戚風蛋糕**：液體油用小火加溫至約60℃後，加入可可粉拌勻，再加入蛋黃拌勻（**圖1**）。

❷ 鮮奶和蘭姆酒放在同一容器中，再倒入拌勻成為可可糊（**圖2**）。

❸ 取約1/3分量的麵粉加入可可糊中拌勻（**圖3**）。

❹ 蛋白以電動攪拌機打至粗泡狀，再分3次加入細砂糖續打至9分發，成為細緻滑順的蛋白霜，呈拉起後不滴落並且有小彎勾的狀態（**圖4**）。

❺ 取約1/3份量的蛋白霜加入做法❷的可可麵糊中，以打蛋器輕輕拌勻（**圖5**）。

❻ 再將剩餘的麵粉與蛋白霜交錯加入，以刮刀輕輕翻拌均勻（**圖6**）。

❼ 倒入烤盤內抹平（**圖7**），烤箱預熱後，以上火180℃、下火140℃烤約12~15分鐘，出爐後撕開邊紙及底紙，放涼備用。

❽ 以直徑約9公分的壓模器壓出6片蛋糕片（**圖8**）。

❾ **組合**：依p.17的「用於裝飾」將鮮奶油打至粗泡狀，再加入細砂糖續打至不會流動的光澤狀（**圖9**）。

❿ 將蛋糕片抹上打發的鮮奶油（**圖10**）。

⓫ 鋪上櫻桃片、抹上少許鮮奶油，再蓋一片蛋糕體，接著在第二層做同樣動作（**圖11**）。

⓬ 蓋上第3片蛋糕後，再以鮮奶油抹平表面與週邊（**圖12**）。

⓭ 在蛋糕週邊與表面沾上巧克力屑裝飾（**圖13**），表面放上數顆櫻桃即可。

▶ 將煙捲狀的巧克力再切碎，
即有不同的裝飾效果。

 10

 11

 12

 13

 9

 8

 這裡也要看

◉ 做法❹的蛋白霜，依p.24的「蛋白打發」將蛋白打至9分發。

◉ 可可粉比麵粉輕，先將可可粉以熱油溶解，才易於與麵糊拌勻；而且可可粉經過油解後，香氣會更凸顯。

◉ 材料中的可可粉分量極高，因此可可糊較厚重，所以必須將麵粉與蛋白霜分3次交錯方式混合，有助於拌合均勻。

◉ 迷你版的蛋糕體抹面，不需任何技巧，即便是新手，也不用擔心抹得平整與否，因為只要沾上巧克力屑後，黑森林蛋糕的Fu就出來了，請大膽嘗試吧！

◉ 應避免手溫接觸巧克力，需利用小抹刀或小湯匙做沾黏動作。

舒芙蕾

舒芙蕾（Soufflé）法文原為「膨脹的」意思，剛出爐時有著蓬鬆優雅的外觀，然而一遇到冷空氣後，在短時間內即會快速塌陷，因此必須把握稍縱即逝的美味，才能感受那溫潤如雲朵般入口即化的幸福。有人喜歡舒芙蕾那輕飄飄的口感，卻又有人覺得彷彿在吃空氣般太虛無。台灣很少有店家願意製作這道點心，即使有，必然是現點現做，而且價格不菲，記得第一次端上舒芙蕾給家人品嚐時，我忙著催促家人盡快享用，並一邊解釋原因，大家都覺得口感非常特別也很有趣。

其實製作舒芙蕾並不難，自己動手做，隨時可以享受這道濕潤鬆軟又充滿蛋奶香的美味。

參考分量

約6杯
內徑8cm×高4cm
磁烤盅

材料

蛋黃	55克
細砂糖	10克
低筋麵粉	35克
鮮奶	270克
香草莢	1/3條
無鹽奶油	30克
君度酒	2大匙
蛋白	110克
細砂糖	50克

準備

● 烤盅內部刷一層奶油，再均勻地撒上細砂糖，並將多餘的細砂糖倒出。

● 無鹽奶油放在室溫下回溫軟化。

做法

❶ 蛋黃加細砂糖10克攪拌至砂糖溶化後，再分次篩入低筋麵粉拌勻備用（**圖1**）。

❷ 先加入少量鮮奶拌勻，再分次加入鮮奶拌勻（**圖2**）。

❸ 將香草莢放入煮鍋內，以中小火加熱，邊煮需邊用打蛋器快速攪拌以免結粒（**圖3**）。

❹ 繼續以中小火加熱至濃稠狀即熄火，注意需邊煮邊快速拌勻以免結粒或燒焦（**圖4**）。

❺ 趁熱加入奶油繼續用打蛋器拌勻（**圖5**）。

❻ 接著加入君度酒拌勻，即成**蛋黃麵糊**（**圖6**），用蓋子覆蓋避免風乾。

❼ 蛋白以電動打蛋器打至粗泡狀，再分3次加入細砂糖打至7~8分發，拉起蛋白霜後不會滴落，出現柔軟的小彎勾（**圖7**）。

❽ 取約1/3分量的蛋白霜加入做法❻的蛋黃麵糊中輕輕拌勻（**圖8**）。

❾ 再加入剩餘的蛋白霜內，以刮刀輕輕翻拌均勻（**圖9**）。

❿ 填入烤盅內至10分滿，並以抹刀將表面抹平（**圖10**）。

⓫ 以拇指沿著烤盅的杯口處抹一圈，將附著的麵糊抹淨（**圖11**）。

⓬ 烤箱預熱後，烤盤加水淹至烤盅約0.5公分高（**圖12**），以上火200℃、下火180℃烤約10~12分鐘，表面上色後，上火降為160℃、下火不變，續烤約10~15分鐘即可。

這裡也要看

- 香草莢的使用方式請參考p.18的「香草莢怎麼用」。

- 需確實將烤模均勻地抹油撒糖，並依做法⑪將附著在杯口的麵糊用手抹淨，才有助於烘烤中的麵糊平均地往上膨脹，成品出爐後即呈現平整不歪斜的漂亮外觀。

- 這道舒芙蕾添加了君度酒，品嚐時口腔內充滿了橙酒的甜香，也可依個人喜好改加其他口味的甜酒。

布朗尼

印象中的美式蛋糕，少見像布朗尼這麼可口的，雖然外型平凡，但濃郁濕潤的香醇口感，讓人回味無窮。操作簡易是布朗尼的另一特色，僅僅單純地將材料拌一拌，卻非常美味；多年前我在媽媽教室的烘焙班教過布朗尼，由於簡單易上手，因此大受歡迎，布朗尼頓時成為媽媽們常做的拿手點心；同時我也把製作方式貼到網路上跟網友們分享，沒想到反應亦十分熱烈，我常戲稱布朗尼可是我的「成名作」呢！

材料

無鹽奶油	100克	君度酒	1大匙
苦甜巧克力	120克	低筋麵粉	45克
全蛋	110克	無糖可可粉	10克
蛋黃	40克	碎核桃	120克
細砂糖	100克		

準備

● 烤模內鋪紙。
● 碎核桃先以上、下火150℃烤約8-10分鐘備用。

做法

1 奶油與苦甜巧克力隔水加熱融化成巧克力糊。

2 將全蛋、蛋黃和細砂糖放入另一容器內，以打蛋器攪打至砂糖融化。

3 將做法❷的蛋液加入巧克力糊中拌勻。

4 加入君度酒拌勻。

5 將低筋麵粉與可可粉一起篩入，拌成均勻的巧克力麵糊。

6 加入碎核桃拌勻。

7 麵糊拌好後直接倒入烤模中，並以抹刀將麵糊抹平。

8 烤箱預熱後，以上火180℃、下火150℃烤約15~20分鐘，出爐後撕開邊紙放涼。

低脂布朗尼

參考分量
1 個
20×20cm 烤模

材料

無鹽奶油	35 克
動物性鮮奶油	35 克
苦甜巧克力	185 克
全蛋	160 克
細砂糖	50 克
果糖	40 克
低筋麵粉	70 克
碎核桃	120 克

準備
● 烤模內鋪紙。
● 碎核桃先以上、下火 150℃烤約 8~10 分鐘備用。

做法
❶ 將奶油、動物性鮮奶油及苦甜巧克力隔水加熱融化成為巧克力糊。
❷ 將全蛋加細砂糖攪打至砂糖融化，再加入果糖拌勻，最後再加入做法 ❶ 的巧克力糊拌勻。
❸ 篩入低筋麵粉拌勻。
❹ 依上述做法 ❻~❽ 將蛋糕烘烤完成。

這裡也要看

● 做法中的蛋與奶油均不需打發，也不加化學膨大劑，但是蛋糕的口感濃郁濕潤，尤其放上1~2天再食用，更突顯香醇美味。
● 請盡量選擇可可脂含量50%以上的巧克力製作，口感好風味佳。
● 碎核桃如不拌入麵糊內，也可直接撒在麵糊表面，則不必預烤，亦可以其他堅果替代。
● 君度酒可以蘭姆酒（rum）代替。
● 材料中的細砂糖可以二砂糖代替。

巧克力岩漿蛋糕

這道蛋糕真正的名稱是「芳登修格拉」（Fontaine chocolat），法文Fontaine原意為湧泉，修格拉（chocolat）就是巧克力。蛋糕烤好後，趁熱切開即會流洩出巧克力漿，此時呈現視覺與味覺的最佳效果，因此也有人冠以「爆漿」巧克力蛋糕，跟上時下流行的「爆漿」二字，似乎就會大賣?!反而較少人知道爆漿巧克力蛋糕的本名，香港則稱之為「心太軟」。

材料

巧克力餡

動物性鮮奶油	30 克
鮮奶	30 克
苦甜巧克力	50 克
無鹽奶油	15 克
蘭姆酒	1/2 小匙

巧克力蛋糕

動物性鮮奶油	80 克
苦甜巧克力	80 克
無鹽奶油	30 克
蛋黃	40 克
可可粉	15 克
低筋麵粉	30 克
蛋白	80 克
細砂糖	60 克

準備

- 慕斯框內刷上奶油。
- 模框內圍一圈烘焙紙，高度比慕斯框高約 2 公分，放入舖紙的烤盤上備用。
- 低筋麵粉與可可粉混合過篩。
- 依 p.14「擠麵糊用」準備擠花袋一只，另準備擠巧克力糊用擠花袋一只。

做法

1 **巧克力餡**：動物性鮮奶油和鮮奶隔水加熱至50℃左右，加入巧克力拌勻後，再加入奶油繼續拌勻。

2 加入蘭姆酒拌成均勻的巧克力糊。

3 將巧克力糊裝入擠花袋內，擠入半球形（直徑約4.5cm）的矽膠模中，冷凍約4小時以上至凝固，即為巧克力餡心。

4 **巧克力蛋糕**：將動物性鮮奶油以小火加熱至50℃左右，加入巧克力攪拌至溶化即熄火。

5 趁熱加入奶油拌勻，再加入蛋黃拌勻即成可可糊。

6 蛋白以電動攪拌機打至粗泡狀，再分3次加入細砂糖打至7~8分發，拉起蛋白霜不會滴落，出現柔軟的小彎勾。

7 取約1/3分量的粉料（麵粉與可可粉）加入可可糊中拌勻。

8 再取約1/3分量的蛋白霜加入做法❼的可可糊中輕輕拌勻。

9 再將剩餘的粉料和蛋白霜交錯加入，拌成均勻的可可麵糊後，填入模型內約2cm高度，再放入1顆巧克力餡並輕壓一下。

10 再填入麵糊約至模型高度相等即可。烤箱預熱後，以上火200℃、下火200℃烤約10~12分鐘即可脫模。

- 巧克力餡冷凍凝固後，即可用手將矽膠模往上翻，很容易取出巧克力球，但不可太早取出，以免濕黏影響操作；如無法取得矽膠模，則將做法❷的巧克力糊冷藏至濃稠狀，直接擠在烤焙紙上，再冷凍凝固亦可。
- 製作巧克力岩漿蛋糕，需掌握高溫短時間的烘烤方式，只要麵糊外層烘烤定型即可，千萬別烘烤過度，否則巧克力餡心融入蛋糕組織中，即失去流洩效果。
- 這是一道屬於餐後現烤現吃的甜點，建議趁熱搭配香草冰淇淋一同食用，冷熱交替口感多變，非常美味。
- 巧克力岩漿蛋糕常見的做法有夾餡心和不夾餡心的，前者較費工，但其滑順的巧克力與濃醇蛋糕體搭配著吃，絕對優於後者；不含餡心的製作方式非常簡單，並免除蛋液打發的動作，只要調個巧克力麵糊，再以短時間烤個五、六分熟即出爐，切開後流出的是夾生麵糊；有時在家宴客，如為了方便性，也可試試以下配方，讓你輕鬆完成爆漿蛋糕喔！

同場加映

簡易爆漿巧克力蛋糕

參考分量
約4個（直徑6公分 × 高5公分圓模，模型需抹油撒粉）

材料

材料	分量
苦甜巧克力	100 克
無鹽奶油	50 克
動物性鮮奶油	50 克
全蛋	100 克
蛋黃	40 克
細砂糖	70 克
低筋麵粉	40 克

做法
1. 巧克力隔水融化後，加入奶油、鮮奶油拌勻成巧克力糊。
2. 全蛋、蛋黃及細砂糖放入容器中 攪拌至細砂糖融化。
3. 將蛋液加入巧克力糊中拌勻，再加麵粉拌勻。
4. 以上、下火210℃烤約8~10分鐘即可，稍降溫後即可脫模。

達克瓦茲

第一次認識達克瓦茲（Dacquois），是在日本人寫的甜點書裡，後來有機會學到達克瓦茲的課程，發覺它和「馬卡龍」類似，都含有大量的打發蛋白以及杏仁粉。但坦白說，我個人覺得它比馬卡龍還要好吃，而且更加平易近人。打一份十分發的蛋白霜，然後拌入大量的杏仁粉及各式堅果，並將蛋白霜麵糊徹徹底底烤至酥鬆可口，不含油脂的爽口特性，吃上一口，真是齒頰留香！

材料

蛋白	120 克
細砂糖	60 克
杏仁粉	70 克
糖粉	40 克
低筋麵粉	15 克
杏仁角 5 克（約 1 大匙）	
南瓜子 5 克（約 1 大匙）	

咖啡奶油霜

無鹽奶油	60 克
糖粉	30 克
即溶咖啡粉	2 小匙
熱水	1/2 小匙

準備

- 22 個直徑約 5.6×1.7 公分的圓形框模。
- 南瓜子切碎。

- 奶油秤好後，放在室溫下回溫軟化。
- 杏仁粉 70 克和糖粉 40 克混合過篩；另一份糖粉和中筋麵粉分別過篩。
- 依 p.14 準備 1 個不裝花嘴的擠花袋（擠麵糊用）。
- 烤盤鋪烘焙紙。

做法

1. 蛋白以電動攪拌機打至粗泡狀，再分3次入細砂糖續打至10分發，呈尖角豎立的蛋白霜（依p.24圖8）。
2. 加入杏仁粉、糖粉和中筋麵粉（**圖1**），用橡皮刮刀輕輕翻拌均勻（**圖2**）。
3. 將圓形框模沾水（**圖3**），排放在烤盤上。
4. 將拌好的麵糊裝入擠花袋內，擠入框模內（**圖4**），用抹刀將表面抹平（**圖5**）。
5. 輕輕上下抖動框模，再垂直將框模拿起即可脫模（**圖6**）。
6. 用細篩網將糖粉均勻地篩在麵糊表面，再撒上杏仁角和南瓜子屑碎（**圖7**）。
7. 烤箱預熱後，以上火180℃、下火150℃烤約10分鐘後，再改成上火150℃、下150℃，續烤約10~15分鐘，出爐後冷卻備用。
8. 咖啡奶油霜：將回軟的奶油加入糖粉，先用橡皮刮刀稍壓，打發至顏色變淡，成為鬆發的奶油糊（**圖8**）。
9. 將即溶咖啡粉加熱水調勻（**圖9**），加入奶油糊中（**圖10**）快速攪拌均勻，即成咖啡奶油霜（**圖11**）。
10. 將咖啡奶油霜均勻地抹在成品底部（**圖12**），兩片黏合即可（**圖13**）。

這裡也要看

◉ 蛋白霜加入粉料後勿攪拌過度，以免消泡影響成品組織及口感。

◉ 做法❸將框模先沾水，可方便將擠好的麵糊容易脫模，若只有1個框模也可洗淨再重複使用。

◉ 若無框模，可利用平口花嘴擠成螺旋狀亦可。

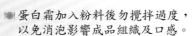

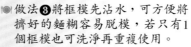

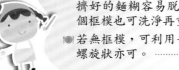

乳酪世界
　　變化無窮！

永不缺席的糕點美味！

　　坦白說，一開始我不是很能接受「乳酪蛋糕」，或許因為乳酪製品並非兒時所熟悉的味道，直到我開始學烘焙，經由無數次的製作及品嚐，漸漸地才由排斥轉為接受。乳酪的種類繁多，用以製作糕點真是千變萬化，其綿密柔順的口感，和一般的蛋糕截然不同，獨特的發酵奶味與天然的酸味，深受年輕人所喜愛。

　　一般製作乳酪蛋糕，最常使用的乳酪為奶油乳酪（Cream Cheese），另以馬斯卡邦起士（Mascarpone Cheese）及考特吉（Cottage Cheese）等製作，也各具獨特風味。此外，為了增添口感層次，也常以酸奶（Sour cream）或優格調味。至於不同口味的變化，那更是豐富精采，最常見的基礎口味則以餅乾屑墊底，再搭配厚厚的乳酪糊，呈現美式風格的乳酪蛋糕；之後在造型上加以變化，從圓形到條狀，從陽春到漂亮的大理石紋，還有各式酸酸甜甜的鮮果，更能恰如其分扮演增味的角色，乳酪蛋糕多了造型與口味的變換條件，使得品嚐時的滋味更加美妙。

要嫩不要硬！

乳酪蛋糕好吃秘笈！

　　為了呈現乳酪蛋糕應有的綿細質地，烘烤時的火溫最好以「低溫慢烤」方式進行，成品的表面才不會上色過劇或產生裂紋現象，另外還在烤盤上注入大量的水，以隔水蒸烤方式完成，也能得到最佳效果（參考p.29 的「隔水蒸烤」），例如：p.164 大理石乳酪條、p.168 南瓜酸奶乳酪蛋糕、p.170 百香果輕乳酪蛋糕及p.182 南瓜乳酪條等。

　　此外，以吉利丁當做凝固劑製成的冷藏式乳酪蛋糕，則另有清爽宜人的滋味，同樣地也可以各種新鮮水果或乳酸飲料調味，不但增添口感的豐富性，也讓成品外觀增色不少，例如：p.166 草莓蕾雅乳酪蛋糕及p.172 茅屋乳酪蛋糕等，經由冷藏凝固後，其軟硬度完全取決於吉利丁的多寡，因此可隨個人的口感偏好，適度地調整用量。

6 乳酪蛋糕

值得品味的乳酪糕點

最佳賞味

　　無論烘烤式或冷藏式的乳酪蛋糕，原則上應視成品大小，置於冷藏室至少5~12小時以上，以使成品組織更加融合，更能品嚐出香濃滑順的細緻口感；另外有些乳酪蛋糕還搭配香脆的酥粒或酥皮，成品冷藏保存後，觸感及口感也會變硬，這是正常現象，但品嚐前只要放在室溫下回溫數分鐘，即可恢復應有的咀嚼感，例如：p.174 黑珍珠乳酪蛋糕及p.180 乳酪球。

約26條
每條約12×2.5公分

大理石乳酪條

乳酪條算是簡單易上手的蛋糕，一般蛋糕店也常見販售，然而價格可不便宜；在家自己做，一次做一盤，再切成條狀，用乳酪條專用的包裝紙包好，兩端扭緊成為糖果狀，裝在精美的盒子裡，就是很體面的伴手禮。

若吃不完，可密封冷凍保存約3~4周，臨時有客人來訪，取出稍微回溫一下，就是一道討喜的宴客點心了。

材料

餅乾底
奇福餅乾	200克
無鹽奶油	100克

乳酪糊
奶油乳酪	500克
（cream cheese）	
細砂糖	100克
全蛋	160克
酸奶	180克
動物性鮮奶油	80克

裝飾線條
無糖可可粉	1小匙
熱水	1小匙

準備

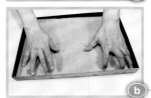

- 35×25×3公分直角烤盤1個。
- 奶油乳酪秤好後，放在室溫下回溫軟化。
- 烤盤周邊刷上奶油（**圖a**），底部鋪紙（**圖b**）。
- 奇福餅乾放入塑膠袋內用**擀麵棍**或其他硬物壓碎成屑狀。
- 奶油隔熱水融化。
- 準備拋棄式擠花袋1只。

做法

① 餅乾底：無鹽奶油融化成液體後，加入餅乾屑拌匀，鋪在烤盤內平均攤開壓緊（**圖1**），冷藏備用。

② 乳酪糊：奶油乳酪回軟後加入細砂糖，隔水加熱攪拌成乳滑狀（**圖2**）。

③ 全蛋攪散後，分次加入乳酪內拌匀（**圖3**）。

④ 再加入酸奶及鮮奶油拌匀，成為光滑細緻的乳酪糊（**圖4**）。

⑤ 裝飾線條：將可可粉過篩後加入熱水調匀，再拌入約1小匙的乳酪糊，即成**可可乳酪糊**（**圖5**），裝入擠花袋內備用。

⑥ 將做法❹的乳酪糊倒入餅乾底上，並將表面抹平（**圖6**）。

⑦ 將做法❺的擠花袋剪一小洞，將可可乳酪糊擠出線條於原味乳酪糊的表面（**圖7**）。

⑧ 以筷子畫出不規則的大理石紋（**圖8**）。

⑨ 烤箱預熱後，將烤盤放在另一個較大且深的烤盤中，將冷水注入烤盤內約1公分的高度（**圖9**），先以上火180℃、下火100℃蒸烤約20分鐘，至表面結皮後，在盤內再加1杯冷水，並降溫成上火140℃、下火100℃，續烤約15~20分鐘，表面輕按有彈性即可。

⑩ 出爐冷卻後，需冷藏約3小時以上至定型後再脫模。

⑪ 蛋糕表面蓋一張烘焙紙（**圖10**），再放一個平盤反扣取出蛋糕（**圖11**），接著將蛋糕體再翻面使大理石紋朝上。

⑫ 將刀子加熱後，切成約12×2.5公分的長條狀（**圖12**），共26條。

這裡也要看

◉ 做法中裝乳酪糊的直角烤盤進烤箱前，需放在另一個稍有深度的烤盤上，以便加水蒸烤；如讀者所使用的烤箱較小，則需依實際的烤盤尺寸減量製作。

◉ 墊底的餅乾屑可自行製作，或依個人喜好選擇市售的黑色餅乾、消化餅乾或蘇打餅乾等；惟各廠牌餅乾含油率不一，因此融化奶油的用量請自行斟酌，只要拌油後的餅乾屑能聚合成糰即可。

◉ 表面的大理石花紋應避免直接使用融化的巧克力，否則巧克力的油脂受熱後會切割麵糊，造成蛋糕表面出現裂紋。

◉ 為避免產品表面上色或龜裂，需以低溫隔水蒸烤方式完成，另外也可在裝有熱水的烤盤上放幾個鳳梨酥的框模或其他中空模型，將烤盤架高後，也有助於烤焙效果。

草莓蕾雅乳酪蛋糕

季節限定的草莓點心，粉紅的誘人色澤、酸香的迷人滋味，是許多女生抗拒不了的誘惑。但市售的各式草莓口味的點心都太假了，什麼草莓糖果、草莓果凍、草莓巧克力及草莓蛋糕……等，幾乎都是以香料和色素堆出來的，我常常禁止孩子們去吃，唯有自己做的才會講究百分之百天然。

蕾雅乳酪是一款免烤的乳酪蛋糕，充滿日式典雅的風格，所謂的「蕾雅乳酪蛋糕」（Rare Cheese Cake），意指半生不熟的乳酪；生乳酪搭配草莓，除了增添浪漫的質感外，鮮果的芬芳與酸甜香氣更發揮了提味效果。

材料

可可海綿蛋糕	1盤	草莓乳酪餡	
檸檬果凍		奶油乳酪	120g
冷開水	100g	新鮮草莓	250g
細砂糖	30g	細砂糖	90g
檸檬汁	8g	原味優格	80g
吉利丁片	1片	吉利丁片 2又1/3片	
配料		檸檬汁	10g
新鮮草莓	數顆	動物性鮮奶油	250g

準備

● 依p.28的做法❶～❾將可可海綿蛋糕製作完成，分別以6吋、5吋圓形慕斯框或壓模器切割出6吋及5吋蛋糕片各2片。

● 用保鮮膜將慕斯框包覆，作為底襯，將配料的草莓切片後鋪在保鮮膜上。

● 奶油乳酪秤好後，放在室溫下回溫軟化。

● 將新鮮草莓以食物調理機打成泥狀。

● 2份吉利丁片分別放在不同容器內，加入冰塊水泡軟，放入冰箱冷藏備用（依p.19方式）。

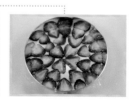

做法

❶ 檸檬果凍：將冷開水加細砂糖煮沸，加入檸檬汁拌勻即熄火（圖1）。

❷ 將吉利丁片擠乾水分，加入檸檬糖水中拌勻即成果凍液（圖2）。

❸ 將果凍液平均倒入2個鋪好草莓的模型內（圖3），冷藏至凝固。

❹ 草莓乳酪餡：奶油乳酪回軟後隔熱水攪散，再加入細砂糖攪成滑順的乳酪糊（圖4）。

❺ 將草莓泥倒入乳酪糊中攪拌均勻（圖5），再加入檸檬汁及優格拌勻（圖6）。

❻ 將吉利丁片擠乾水分，隔熱水溶化成液體，再加入做法❺的材料中拌勻成草莓乳酪糊（圖7），再隔冰塊水降溫至濃稠狀。

❼ 依p.17的「用於慕斯」將動物鮮奶油隔冰塊水打發。

❽ 取約1/3分量的打發鮮奶油，加入做法❻的草莓乳酪糊內稍微拌合（圖8）。

❾ 再加入剩餘的鮮奶油，全部拌勻即成草莓乳酪餡（圖9）。

❿ 將草莓乳酪餡平均地填入2個模框內約1/2的高度（圖10），接著放入1片5吋的蛋糕片稍壓一下（圖11）。

⓫ 再填入乳酪餡至9分滿，最後壓入一片6吋的蛋糕片（圖12），冷藏約6小時以上。

⓬ 凝固後將模型倒置，使草莓面朝上，撕去保鮮膜，並依p.20說明脫模即可。

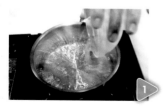

這道乳酪蛋糕發想於知名的甜點「翻轉蛋糕」(upside-down cake)，首先將水果片（鳳梨或杏桃）整齊地鋪於模型底部，待蛋糕烤好後再翻轉即成正面；有興趣的話，可依上述做法，將草莓改成其他水果，例如：奇異果、水蜜桃或藍莓等新鮮水果。

需準備5吋（夾層用）及6吋（墊底用）蛋糕片，夾層的蛋糕體較小，成品邊緣才不會露出蛋糕體。

做法❽先取部分鮮奶油加入做法❻的草莓乳酪糊內稍微拌合，可使二者比重接近更容易拌均勻。

建議使用台灣的新鮮草莓製作果泥，其香氣風味較好，但要避免加熱過度，才不會影響香甜美味與色澤；如無法取得新鮮草莓，可用進口冷凍草莓果泥代替。

上層的果凍內鑲嵌了新鮮草莓片，故不可冷凍，以免影響口感。

這裡也要看

南瓜酸奶乳酪蛋糕

南瓜是營養價值很高的蔬果，無奈的是，南瓜入菜往往不受孩子們青睞，不過用南瓜做點心，就提升美味而言，絕對有加分效果；如同變魔術般，不但孩子們害怕的生菁味都不見了，反而轉為淡淡的甜香，而且顏色誘人，漂亮極了。

南瓜和乳酪更是絕配，做出來的蛋糕不僅色澤如同陽光般金黃耀眼，而且口感更加柔和滑順。

每每我端出南瓜乳酪蛋糕招待親友時，總教人大為驚艷呢！

參考分量

約20個
6.5×4.2×3公分
橢圓形

材料

南瓜	150克 (去皮後)
奶油乳酪	250克
細砂糖	60克
酸奶	60克
蛋黃	20克 (約1個)
全蛋	60克 (約1個)
動物性鮮奶油	50克

墊底用

可可海綿蛋糕片	12片

準備

● 依p.28將可可海綿蛋糕製作完成，以橢圓慕斯框壓出20片蛋糕片。

● 在模框內均勻地抹上奶油（分量外）。

● 模底以鋁箔包覆，並放入一片蛋糕片，排在烤盤上。

● 奶油乳酪秤好後，放在室溫下回溫軟化。

● 依p.14的「擠麵糊用」準備塑膠擠花袋或拋棄式擠花袋1只。

做法

1 南瓜切片蒸熟後，趁熱壓成泥狀並以粗網篩過篩備用。

2 奶油乳酪回軟後加入細砂糖，隔水加熱攪拌成乳滑狀。

3 加入酸奶拌勻。

4 加入南瓜泥拌勻。

5 蛋黃及全蛋放在同一容器中，再慢慢加入拌勻。

6 加入鮮奶油，攪拌均勻即成**南瓜乳酪糊**。

7 將乳酪糊裝入擠花袋中，再擠入模型內約8~9分滿。

8 烤盤內加冷水約至烤模的0.4公分高，烤箱預熱後，以上火180℃、下火100℃先烤約10~12分鐘，至表面結皮後，再於烤盤內加1杯冷水，並降溫成上火140℃、下火100℃，再烤約20~25分鐘，表面輕按有彈性即熟。

9 出爐待冷卻後，撕除鋁箔紙，以小刀緊貼著模內邊緣劃一圈即可脫模。

● 製作這道乳酪蛋糕非常簡單，所有材料都不需要打發，但需注意每加一項材料都要確實打勻不可結粒，蛋糕的質地才會滑順；烘烤時亦要掌握表面不可上色，以保有美麗的金黃色與軟嫩的口感。

● 若求便利，墊底的海綿蛋糕可以餅乾屑替代，如p.164的大理石乳酪條。

● 酸奶可於大型超市或材料行購得，如買不到，勉強可以原味優格取代，用量酌減爲一半即可。

● 南瓜的品種很多，可選擇橘色皮、圓形瓜身的日本種，做出的蛋糕顏色最爲明艷動人。

這裡也要看

百香果輕乳酪蛋糕

參考分量
2個
22×10×5.5公分
橢圓形

之前，我曾在自己的部落格發表過「原味輕乳酪蛋糕」，後來又試著延伸出許多不同口味，其中要以「百香果輕乳酪蛋糕」最為叫好，成為我評比排行的第一名，在艷夏裡來上一口，保證味覺全被喚醒，難怪百香果的另一稱呼叫做「熱情果」。

輕乳酪蛋糕是烘焙乙級的術科考題之一，多年前為了挑戰這個蛋糕，我去上了很多的課，在家裡也演練過無數次，漸漸地得到許多製作經驗與心得。後來，我自己當了老師，便將課堂上的製作方法貼在部落格，而引起眾多網友的極大迴響。其實製作輕乳酪蛋糕並不難，除了攪拌時需要留意外，烘烤方式也不能疏忽；只要掌握幾個製作重點，你也能輕易做出綿密細緻的輕乳酪蛋糕喔！

材料

奶油乳酪	200克
百香果汁	90克
水	90克
低筋麵粉	70克
蛋黃	90克
蛋白	180克
細砂糖	90克

準備

● 模型內均勻地抹上奶油（分量外），底部墊一張紙。

● 奶油乳酪秤好後，放在室溫下回溫軟化。

● 新鮮百香果切開，瀝汁備用。

做法

❶ 奶油乳酪回軟後，以隔水加熱方式攪拌成乳滑狀（圖1）。

❷ 加入百香果汁攪拌均勻（圖2）。

❸ 將水和低筋麵粉先攪勻，再加入做法❷中（圖3），邊加熱邊攪勻直到變稠，感覺有阻力時即離開熱水，再繼續攪拌至稍降溫且無結粒的乳滑狀。

❹ 分次加入蛋黃（圖4），攪拌均勻即成百香果乳酪糊。

❺ 蛋白以電動攪拌機打至粗泡狀，再分3次加糖續打至約7分發（依p.24做法），撈起蛋白霜後不會滴落，出現柔軟的小彎勾（圖5）。

❻ 取約1/3分量的蛋白霜加入做法❹的百香果乳酪糊中拌勻，再倒回剩餘的蛋白霜內（圖6）。

❼ 用橡皮刮刀輕輕地翻拌均勻（圖7）。

❽ 平均倒入2個烤模內（圖8）。

❾ 烤盤內加冷水約至烤模的0.6公分高（圖9），烤箱預熱後，以上火200℃、下火100℃先烤約10~12分鐘，至表面上色後，再於烤盤內加約500cc的冷水，並降溫成上火150℃、下火100℃，再烤約60分鐘，表面輕按有彈性即熟。

❿ 出爐後，約3分鐘後輕輕地將蛋糕倒扣在紙板上（圖10），再放上一個長盤，翻回正面即可（圖11）。

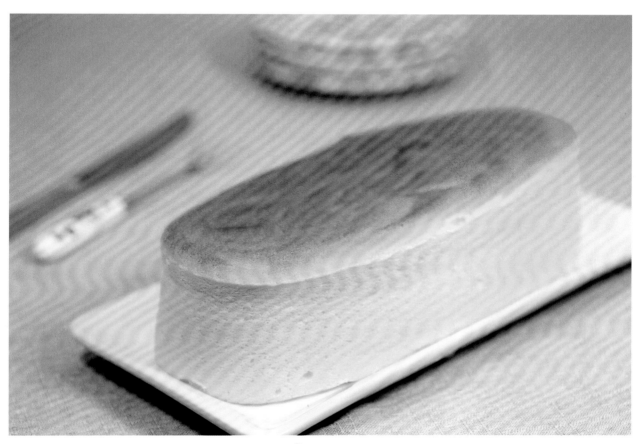

◎ 蛋白的打發程度，過與不及都應避免，過發時易導致烘烤龜裂，不夠發時乳酪會沉澱在底部，成品即會出現2層組織。切記！蛋白只要打至柔軟的7分發即可。

◎ 蛋白霜與乳酪糊拌合時，手勢需輕巧，不可久拌亂攪，以免蛋白霜消泡。

◎ 烤模內抹油要均勻，蛋糕脫模時才會美觀。

◎ 百香果汁加水的總和可以柳橙汁或鮮奶代替，也可換成其他口味的液體變化口味。

茅屋乳酪蛋糕

這道乳酪蛋糕內含考特吉起士（Cottage Cheese），是一種低脂的新鮮乳酪，意譯為「茅屋」乳酪，因此在品名前會冠上「茅屋」二字。一般常見的造型是用派盤來製作，表面撒滿餅乾屑，的確很像茅屋，另外改變造型，做成斜面屋頂的三角茅屋也別有風情。在所有的乳酪蛋糕當中，茅屋乳酪可是我家老爺和大姑、大伯們最喜愛的一道，不僅滑口又極富奶香，其魅力可見一斑。

材料

蛋黃	25克
細砂糖	25克
馬斯卡邦起士	80克
（Mascarpone Cheese）	
考特吉起士	80克
（Cottage Cheese）	
吉利丁片	2片
動物性鮮奶油	140克

裝飾

奇福餅乾	約200克

準備

- 吉利丁片以冰塊水泡軟（依 p.19）。
- 奇福餅乾放入塑膠袋內用擀麵棍或其他硬物壓碎成屑狀。

做法

❶ 蛋黃攪散加入細砂糖，隔水加溫邊快速攪打至顏色變淺（圖**1**）。

❷ 加入馬斯卡邦及考特吉起士拌勻（圖**2**）。

❸ 將吉利丁擠乾水分，隔水溶化成液體，再加入做法❷中拌勻（圖**3**），再隔冰塊水降溫，成為濃稠狀的起士糊。

❹ 動物鮮奶油隔冰塊水打至7分發，仍成為流動性而滴落的痕跡不會下沉即可（圖**4**）。

❺ 取約1/3分量的打發鮮奶油，加入做法❸的起士糊內稍微拌勻（圖**5**）。

❻ 再與剩餘的打發鮮奶油拌勻，即成起士餡（圖**6**）。

❼ 將起士餡倒入模型中（圖**7**），將表面抹平後（圖**8**），冷凍約5小時以上至凝固。

❽ 裝飾：桌面鋪紙並撒上餅乾屑備用，以噴槍或熱毛巾將模外加熱，再用小刀緊貼著模內劃開（圖**9**）。

❾ 脫模倒扣在餅乾屑上（圖**10**），以刮板剷起餅乾屑，均勻地撒在乳酪餡表面（圖**11**）。

❿ 雙手戴上塑膠手套輕輕地將兩側壓緊以固定餅乾屑（圖**12**）。

⓫ 冷藏約6小時以上至凝固，並依p.20說明脫模，以熱刀切片即可食用。

這裡也要看

◉ 蛋黃加溫具殺菌作用，約70~80℃即可離火，加熱溫度不可過高，否則蛋黃過於熟化會影響口感。

◉ 為顧及清爽口感，裝飾的餅乾屑未拌入奶油，但卻有易掉屑的缺點；也可在餅乾屑裡加入50克的融化奶油拌勻，附著力較佳。

◉ 沒有三角模型，也可改用派盤製作，將餅乾屑拌入融化奶油鋪於派盤上壓緊，再倒入濃稠的乳酪餡，並抹成圓弧狀再撒上餅乾屑，冷藏定型後即成常見的茅屋乳酪派。

黑珍珠乳酪蛋糕

乳酪蛋糕的變化性很多，重乳酪蛋糕搭配餅乾底是傳統的經典美味；而這道「黑珍珠乳酪蛋糕」的表面撒了可可酥粒，更增添口感層次；酥鬆的可可酥粒極富嚼感，配上綿密滑順的乳酪蛋糕和香脆的餅乾底，讓味蕾充滿難以言喻的驚喜。

材料

可可酥粒

無鹽奶油	35克
糖粉	30克
蛋黃	10克
低筋麵粉	45克
無糖可可粉	5克

餅乾底

市售的黑餅乾	75克
無鹽奶油	25克

蛋糕體

奶油乳酪	200克
細砂糖	60克
全蛋	70克
無鹽奶油	25克
酸奶	70克
動物性鮮奶油	25克

準備

- 無鹽奶油35克及奶油乳酪分別秤好後，放在室溫下回溫軟化。
- 低筋麵粉及可可粉混合過篩。
- 黑餅乾放入塑膠袋內用擀麵棍或其他硬物壓碎成屑狀。
- 無鹽奶油25克2份，分別隔熱水融化。
- 烤模內壁抹油，底部鋪一張烘焙紙。

做法 ────────────────────────────

1 可可酥粒：將回軟的奶油加入糖粉打發至顏色變淺。

2 分次加入蛋黃攪打均勻。

3 加入已過篩的低筋麵粉與可可粉，以刮刀拌勻成可可麵糰。

4 將可可麵糰刮入塑膠袋包好，冷凍約1小時以上至凝固。

5 餅乾底：無鹽奶油融化成液體後，加入黑餅乾屑內拌勻，鋪在烤盤內平均攤開壓緊，冷藏備用。

6 蛋糕體：奶油乳酪回軟後先以打蛋器攪散，再加入細砂糖攪拌成乳滑狀。

7 全蛋攪散後，分次加入拌勻。

8 加入融化的奶油拌勻。

9 再加入酸奶及鮮奶油拌成均勻的乳酪糊。

10 將乳酪糊過篩至模中，烤箱預熱後，以上火180℃、下火130℃先烤約15~20分鐘至表面結皮。

11 烘烤的同時，將凝固的可可麵糰，以小刀削切成小粒麵糰。

12 待乳酪糊結皮後，將小粒麵糰平均地撒在表面。

13 接著續烤約10分鐘，再降溫成上火150℃、下火100℃，再烤約10分鐘左右。

14 出爐待冷卻後，連模冷藏約2小時以上，用小刀沿模內壁輕畫一圈即可扣出。

這裡也要看

● 墊底的餅乾可自行製作或依個人喜好選擇市售的鹹餅乾、消化餅乾或蘇打餅乾等；惟各廠牌餅乾含油率不一，因此融化奶油的用量請自行斟酌，只要拌油後的餅乾屑能聚合成糰即可。

● 拌好的乳酪糊可額外加入半顆的檸檬皮屑增香。

● 脫模時若不好扣出，可將烤模底部稍加熱一下。

芒果乳酪杯

這是一道免烤的芒果乳酪點心,因為免用烤箱,故製作門檻很低;除了優質的台灣芒果當主角外,又有馬斯卡邦起士的加持,使這道點心更加不同凡響,因此很多店家把這款點心取名為「芒果提拉米蘇」,似乎沾了「提拉米蘇」的光,就大受消費者歡迎?!當初我也曾經考慮要以「芒果提拉米蘇」為此道點心命名,然而孟老師認為提拉米蘇的基本元素,如被任意延伸,會顯得不倫不類,於是我決定以單純明確的「芒果乳酪杯」來命名;但無論什麼名稱,都該以美味為要,尤其還用漂亮的容器盛裝,更具價值感。

材料

芒果乳酪慕斯

新鮮芒果	150 克(去皮後)
細砂糖	75 克
馬斯卡邦起士	135 克
檸檬汁	20 克
吉利丁片	1 又 1/3 片
動物性鮮奶油	135 克

裝飾

新鮮芒果丁	適量

準備

● 將塑膠片剪成寬約 2 公分的長條狀共 5 條,兩端以雙面膠黏好成圈狀,直徑與杯口相等,將塑膠圈卡緊在杯口,約 2/3 的高度露在杯口之上。

● 吉利丁片以冰塊水泡軟(依 p.19 方式)。

做法

1 芒果乳酪慕斯：將芒果果肉切片，與細砂糖一起放入食物調理機內打成泥狀，扣除耗損約可得200~210克的芒果果泥。

2 將馬斯卡邦起士打成乳滑狀。

3 加入芒果泥拌勻。

4 檸檬汁隔水加熱約1~2分鐘。

5 將吉利丁片擠乾水分，隔熱水溶化成液體。

6 吉利丁液與檸檬汁分別加入拌勻，即成芒果乳酪糊，再隔冰塊水降溫至濃稠狀。

7 依p.17的「用於慕斯」將鮮奶油隔冰塊水打至7分發，仍呈流動性而滴落的痕跡不會下沉即可。

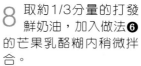

8 取約1/3分量的打發鮮奶油，加入做法❻的芒果乳酪糊內稍微拌合。

9 再加入剩餘的打發鮮奶油，全部拌勻即成芒果乳酪慕斯。

10 將芒果乳酪慕斯裝入擠花袋中，擠入杯中與塑膠圈齊高，冷藏約6小時以上至凝固。

11 凝固後用小刀沿著塑膠圈內畫一圈，輕輕取出塑膠圈即可。

12 可依個人喜好於表面鋪上新鮮芒果丁裝飾。

這裡也要看

◉ 調味用的新鮮檸檬汁盡量別省略，使用前需先加熱片刻，藉以破壞檸檬汁的抗凝作用。

◉ 新鮮芒果會因品種與成熟度的差異，故酸度、甜度和香度也不同，因此請自行斟酌的調整糖量與檸檬汁的用量。

◉ 如無法取得新鮮芒果，可用進口冷凍芒果果泥代替。

養樂多藍莓乳酪慕斯

乳酪真的是許多食材的好朋友，搭配不同的食材就會激盪出不同的驚喜，本來我只想單純做個養樂多乳酪，後來孟老師建議可加點藍莓果泥做成大理石狀，一來增添風味，二來提升外觀的美感，確實！有了藍莓的搭襯，效果出奇的美好呢！

參考分量
12個
直徑5.5×高4.5公分
矽膠模

材料

養樂多慕斯

奶油乳酪	60克
細砂糖	60克
鮮奶	40克
養樂多	200克
檸檬汁	4克（1小匙）
吉利丁片	2又1/2片
動物鮮奶油	120克
新鮮藍莓	30克

配料

新鮮藍莓	約50粒
巧克力海綿蛋糕	12片

準備

- 依p.28將可可海綿蛋糕製作完成，以直經5公分的壓模器切割出12個圓片。
- 奶油乳酪、無鹽奶油秤好後，放在室溫下回溫軟化。
- 吉利丁片以冰塊水泡軟（依p.19方式）。
- 新鮮藍莓用食物調理機打成泥狀。
- 準備塑膠擠花袋1只及矽膠模1個。

做法

① 奶油乳酪回軟後加入細砂糖，隔水加熱攪拌成乳滑狀（圖1）。

② 將鮮奶分次加入拌勻（圖2）。

③ 加入養樂多拌勻（圖3），再加入檸檬汁拌勻後即離開熱水。

④ 吉利丁擠乾水分後，隔熱水溶化成液體，再加入做法③中拌勻（圖4），即成養樂多糊，再隔冰塊水降溫至濃稠狀。

⑤ 動物鮮奶油隔冰塊水打至7分發，仍呈流動性而滴落的痕跡不會下沉狀即可（圖5）。

⑥ 取約1/3分量的打發鮮奶油，加入做法④的養樂多糊內稍微拌合，再加入剩餘的打發鮮奶油，全部拌勻即成養樂多慕斯（圖6）。

⑦ 取約40克的養樂多慕斯加入事先已打好的藍莓果泥內，拌成藍莓糊（圖7）。

⑧ 將藍莓糊倒入做法⑥的養樂多慕斯餡內（圖8），稍微翻拌即可。

⑨ 將慕斯餡裝入擠花袋內（圖9），擠入矽膠模內約8分滿（圖10）。

⑩ 放入適量藍莓粒（圖11）。

⑪ 最後再輕輕地放一片蛋糕片（圖12），冷凍約6小時以上凝固即可脫模。

這裡也要看

- 若為求便利性，墊底的蛋糕片也可以改用現成的餅乾代替。
- 慕斯需完全冷凍變硬才可將矽膠模從底部往上翻出，順利脫模後的成品才會平滑美觀。
- 若買不到新鮮藍莓，也可以冷凍藍莓代替。

乳酪球

近年來，我發現市面上出現乳酪球這種小巧玲瓏的可愛點心，外形十分討喜，於是我買了多家的產品來試吃，有些確實非常美味。興趣使然下，我也特地去上了幾堂有關乳酪球的課程；但千篇一律都是加了泡打粉，沒辦法！加了泡打粉可就不是我的菜啦！經過幾次試做，效果卻不盡理想。和孟老師幾番討論後，終於做出外觀與口感俱佳的乳酪球，不僅模樣可愛，酥皮與內餡也非常香濃美味，讓人一口接一口停不下來。

材料

酥塔殼

無鹽奶油	50 克
糖粉	20 克
蛋黃	1 個
杏仁粉	20 克
低筋麵粉	60 克

乳酪餡

奶油乳酪	160 克
細砂糖	40 克
香草莢	1/3 條
酸奶	40 克
全蛋	50 克

準備

- 奶油乳酪及鹽奶油秤好後，放在室溫下回溫軟化。
- 準備塑膠擠花袋 1 只及半圓形矽膠模 1 個。

做法

❶ 酥塔殼：將回軟的奶油加入糖粉打發至顏色變淺，加入蛋黃攪拌均勻（圖1）。

❷ 杏仁粉與低筋麵粉混合過篩後，加入做法❶的奶油糊中以刮刀攪拌成糰（圖2）。

❸ 將麵糰以塑膠袋包覆好，用手壓扁（圖3），冷藏鬆弛至少30分鐘。

❹ 直接在塑膠袋上將麵糰擀成約0.1公分厚度（圖4）。

❺ 以直徑3公分的壓模器切割出圓片（圖5）。

❻ 將小圓片放入半圓形的矽膠模內（圖6）。

❼ 以指腹輕壓使小圓片與矽膠模完全貼合（圖7）。

❽ 烤箱預熱後，以上火170℃、下火190℃烤約8~10分鐘至些微上色，將烤盤取出冷卻備用。

❾ 乳酪餡：奶油乳酪回軟後先以打蛋器攪散，再加入細砂糖攪拌成乳滑狀。

❿ 依序加入香草莢及酸奶（圖8）攪拌均勻，接著加入全蛋液拌勻（圖9）。

⓫ 組合：將做法❿的乳酪餡裝入擠花袋內，擠入酥塔殼內至滿模（圖10），烤箱預熱後，以上火190℃、下火100℃續烤約15~20分鐘即可，待冷卻後再脫模。

這裡 也要 看

🍴 做法❿的香草莢，請參考p.18的「香草莢怎麼用」。

🍴 如有剩餘的塔殼的麵糰，可集合起來輕輕壓疊，經冷藏切割塔皮時，壓模器和雙手需沾少許麵粉，才不易濕黏。

南瓜乳酪條

這是我在部落格分享過的乳酪蛋糕,很多網友試做後反應不錯,還有些網友發揮創意,把南瓜改成芋頭或地瓜等,效果也不賴喲!

有別於書中另一道「南瓜乳酪蛋糕」,這一道是採分蛋式製作法,利用一點打發的蛋白霜,使得乳酪蛋糕不那麼緊密,口感更加滑順柔和,相當美味。製作乳酪蛋糕無論蛋白打發與否,其實各有不同口感,有興趣的話,不妨比較看看兩者差異喔!

參考分量
約16條
每條約9.5×2.5公分

材料

餅乾底

市售黑餅乾	170 克
無鹽奶油	50 克

乳酪蛋糕體

南瓜	140 克(去皮後)
奶油乳酪	280 克
糖粉	25 克
蛋黃	40 克
蛋白	20 克
無鹽奶油	15 克
動物性鮮奶油	25 克
蛋白	60 克
細砂糖	40 克

準備

- 20×20公分烤模 1個。
- 奶油乳酪秤好後，放在室溫下回溫軟化。糖粉過篩。
- 烤模內均勻抹上奶油（分量外），底部鋪紙。
- 黑餅乾刮除糖霜，放入塑膠袋內用擀麵棍或其他硬物壓碎成屑狀。
- 2份奶油分別秤好，隔水加熱融化，融化的奶油15克和鮮奶油放在同一容器內。
- 南瓜切片蒸熟後，趁熱壓成泥狀並以粗網篩過篩備用。

做法

1. 餅乾底：無鹽奶油融化成液體後，加入黑餅乾屑內拌勻，鋪在烤盤內平均攤開壓緊，冷藏備用（**圖1**）。

2. 乳酪蛋糕體：奶油乳酪回軟後加入糖粉，隔水加熱攪拌均勻（**圖2**）。

3. 依序加入蛋黃和蛋白20克拌勻（**圖3**）。

4. 加入南瓜泥（**圖4**），繼續用打蛋器攪拌均勻（**圖5**）。

5. 加入融化的奶油和鮮奶油攪拌均勻（**圖6**），即成南瓜乳酪糊。

6. 蛋白以電動攪拌機打至粗泡狀，加入細砂糖續打至約7~8分發，撈起蛋白霜後不會滴落，出現柔軟的小彎勾（依p.24 圖5）。

7. 將蛋白霜加入南瓜乳酪糊內，用橡皮刮刀輕輕翻拌均勻（**圖7**）。

8. 將乳酪糊倒入模型內（**圖8**）。

9. 烤箱預熱後，將烤盤放在深烤盤的網架上，將冷水注入深烤盤內約至1公分的高度（**圖9**），先以上火180℃、下火100℃蒸烤約15分鐘，至表面結皮後，再於盤內加入1杯冷水，並改成上火140℃、下火100℃，續烤約20分鐘，表面輕按有彈性即可。

10. 蛋糕出爐冷卻後，需冷藏約3小時以上至定型後再脫模。

11. 用刀將邊緣割開，表面蓋一張烘焙紙，再放一個平盤將蛋糕體扣出，接著將蛋糕體再翻面。

12. 將刀子加熱後，切成約9.5×2.5公分的長條狀，共16條。

這裡也要看

- 請依個人的烤盤大小，等比例換算材料中的用量。

- 墊底的餅乾屑可自行製作或依個人喜好選擇市售的黑色餅乾、消化餅乾或蘇打餅乾等；惟各廠牌餅乾含油率不一，因此融化奶油的用量請自行斟酌，只要拌油後的餅乾屑能在手中捏聚成糰即可。

- 為避免產品表面上色或龜裂，需以低溫隔水蒸烤方式完成，另外也可在裝有熱水的烤盤上放幾個鳳梨酥的框模或其他中空模型，將烤盤架高後，也有助於烤焙效果。

【附錄】
全省烘焙材料行

台北市

燈燦
103 台北市大同區民樂街125號
（02）2553-4495

日盛（烘焙機具）
103 台北市大同區太原路175巷21號1樓
（02）2550-6996

洪春梅
103 台北市民生西路389號
（02）2553-3859

果生堂
104 台北市中山區龍江路429巷8號
（02）2502-1619

申崧
105 台北市松山區延壽街402巷2弄13號
（02）2769-7251

義興
105 台北市富錦街574巷2號
（02）2760-8115

正大（康定）
108 台北市萬華區康定路3號
（02）2311-0991

源記（崇德）
110 台北市信義區崇德街146巷4號1樓
（02）2736-6376

日光
110 台北市信義區莊敬路341巷19號1樓
（02）8780-2469

飛訊
111 台北市士林區承德路四段277巷83號
（02）2883-0000

得宏
115 台北市南港區研究院路一段96號
（02）2783-4843

菁乙
116 台北市文山區景華街88號
（02）2933-1498

全家（景美）
116 台北市羅斯福路五段218巷36號1樓
（02）2932-0405

基隆

美豐
200 基隆市仁愛區孝一路36號1樓
（02）2422-3200

富盛
200 基隆市仁愛區曲水街18號1樓
（02）2425-9255

嘉美行
202 基隆市中正區豐稔街130號B1
（02）2462-1963

證大
206 基隆市七堵區明德一路247號
（02）2456-6318

台北縣

大家發
220 台北縣板橋市三民路一段101號
（02）8953-9111

全成功
220 台北縣板橋市互助街36號（新埔國小旁）
（02）2255-9482

旺達
220 台北縣板橋市信義路165號1F
（02）2952-0808

聖寶
220 台北縣板橋市觀光街5號
（02）2963-3112

佳佳
231 台北縣新店市三民路88號
（02）2918-6456

艾佳（中和）
235 台北縣中和市宜安路118巷14號
（02）8660-8895

安欣
235 台北縣中和市連城路389巷12號
（02）2226-9077

全家（中和）
235 台北縣中和市景安路90號
（02）2245-0396

馥品屋
238 台北縣樹林市大安路173號
（02）8675-1687

鼎香居
242 台北縣新莊市新泰路408號
（02）2998-2335

永誠
239 台北縣鶯歌鎮文昌街14號
（02）2679-8023

崑龍
241 台北縣三重市永福街242號
（02）2287-6020

今今
248 台北縣五股鄉四維路142巷15、16號
（02）2981-7755

宜蘭

欣新
260 宜蘭市進士路155號
（03）936-3114

裕明
265 宜蘭縣羅東鎮純精路二段96號
（03）954-3429

桃園

艾佳（中壢）
320 桃園縣中壢市環中東路二段762號
（03）468-4558

家佳福
324 桃園縣平鎮市環南路66巷18弄24號
（03）492-4558

陸光
334 桃園縣八德市陸光街1號
（03）362-9783

艾佳（桃園）
330 桃園市永安路281號
（03）332-0178

做點心過生活
330 桃園市復興路345號
（03）335-3963

新竹

永鑫
300 新竹市中華路一段193號
（03）532-0786

力陽
300 新竹市中華路三段47號
（03）523-6773

新盛發
300 新竹市民權路159號
（03）532-3027

萬和行
300 新竹市東門街118號（模具）
（03）522-3365

康迪
300 新竹市建華街19號
（03）520-8250

富讚
300 新竹市港南里海埔路179號
（03）539-8878

艾佳（竹北）
新竹縣竹北市成功八路286號
（03）550-5369

Home Box 生活素材館
320 新竹縣竹北市縣政二路186號
（03）555-8086

台中

總信
402 台中市南區復興路三段109-4號
（04）2220-2917

永誠
403 台中市西區民生路147號
（04）2224-9876

永誠
403 台中市西區精誠路317號
（04）2472-7578

德麥（台中）
402 台中市西屯區黎明路二段793號
（04）2252-7703

永美
404 台中市北區健行路665號（健行國小對面）
（04）2205-8587

齊誠
404 台中市北區雙十路二段79號
（04）2234-3000

利生
407 台中市西屯區西屯路二段28-3號
（04）2312-4339

辰豐
407 台中市西屯區中清路151之25號
（04）2425-9869

廣三**SOGO**百貨
台中市中港路一段299號
（04）2323-3788

豐榮食品材料
420 台中縣豐原市三豐路317號
（04）2522-7535

彰化

敬崎（永誠）
500 彰化市三福街195號
（04）724-3927

家庭用品店
500 彰化市永福街14號
（04）723-9446

永誠
508 彰化縣和美鎮彰新路2段202號
（04）733-2988

金永誠
510 彰化縣員林鎮員水路2段423號
（04）832-2811

南投

順興
542 南投縣草屯鎮中正路586-5號
（04）9233-3455

信通行
542 南投縣草屯鎮太平路二段60號
（04）9231-8369

宏大行
545 南投縣埔里鎮清新里永樂巷16-1號
（04）9298-2766

嘉義

新瑞益（嘉義）
660 嘉義市仁愛路142-1號
（05）286-9545

采軒（兩隻寶貝）
600 嘉義市博東路171號
（05）275-9900

雲林

新瑞益（雲林）
630 雲林縣斗南鎮七賢街128號
（05）596-3765

好美
640 雲林縣斗六市中山路218號
（05）532-4343

彩豐
640 雲林縣斗六市西平路137號
（05）534-2450

台南

瑞益
700 台南市中區民族路二段303號
（06）222-4417

富美
704 台南市北區開元路312號
（06）237-6284

世峰
703 台南市北區大興街325巷56號
（06）250-2027

玉記（台南）
703 台南市中西區民權路三段38號
（06）224-3333

永昌（台南）
701 台南市東區長榮路一段115號
（06）237-7115

永豐
702 台南市南區賢南街51號
（06）291-1031

銘泉
704 台南市北區和緯路二段223號
（06）251-8007

上輝行
702 台南市南區興隆路162號
（06）296-1228

佶祥
710 台南縣永康市永安路197號
（06）253-5223

高雄

玉記（高雄）
800 高雄市六合一路147號
（07）236-0333

正大行（高雄）
800 高雄市新興區五福二路156號
（07）261-9852

新鈺成
806 高雄市前鎮區千富街241巷7號
（07）811-4029

旺來昌
806 高雄市前鎮區公正路181號
（07）713-5345-9

德興（德興烘焙原料專賣場）
807 高雄市三民區十全二路101號
（07）311-4311

十代
807 高雄市三民區懷安街30號
（07）381-3275

德麥（高雄）
807 高雄市三民區銀杉街55號
（07）397-0415

旺來興（明誠店）
804高雄市鼓山區明誠三路461號
（07）550-5991

旺來興（總店）
833高雄縣鳥松鄉本館路151號
（07）370-2223

茂盛
820 高雄縣岡山鎮前峰路29-2號
（07）625-9679

鑫隴
830 高雄縣鳳山市中山路237號
（07）746-2908

屏東

啓順
900 屏東市民和路73號
（08）723-7896

裕軒（屏東店）
900 屏東市廣東路398號
（08）737-4759

裕軒（總店）
920 屏東縣潮州鎮太平路473號
（08）788-7835

四海（屏東店）
900屏東市民生路180-2號
（08）733-5595

四海（潮州店）
920屏東縣潮州鎮延平路31號
（08）789-2759

四海（恆春店）
945屏東縣恆春鎮恆南路17-3號
（08）888-2852

台東

玉記（台東）
950 台東市漢陽北路30號
（089）326-505

花蓮

大麥
973 花蓮縣吉安鄉建國路一段58號
（03）846-1762

萬客來
970 花蓮市和平路440號
（03）836-2628

本書內的戚風蛋糕所使用的蓬萊米粉、糙米粉或蕎麥粒可在部分的雜糧行、雜貨店或烘焙材料行購得，或洽詢以下廠商：

谷統食品工業股份有限公司
嘉義縣民雄工業區成功一街7號
（05）2219919

上統農產股份有限公司（日陽牌）
台南縣官田鄉二鎮村工業西路5號
（06）6986612

金昌糕粉工廠
台南市東區東門路三段98巷2號
（06）2686231

三豐製粉廠
台中縣大肚鄉育樂街42號
0931452452

尚旺生技有限公司（禾豐粉類）
新竹市東大路二段639-641號
（03）5349012

屏東農產股份有限公司（台灣總公司）
屏東縣萬巒鄉新厝村新生路56號
（08）7831133、7832233、7832003

快樂農夫糧糧（供應蓬萊米粉、糙米粉）
新竹縣新埔鎮載熙路121巷59號
0933117086

台灣主婦聯盟生活消費合作社
台北縣三重市重新路5段408巷18號
總社（02）29996122
北社（02）29995228
中社（04）24714702
南社（06）3355665

國家圖書館出版品預行編目資料

美味糕點新主張：超人氣烘焙部落格
版主妃娟的 fun 心糕點 / 薛妃娟作.
--初版.-- 臺北縣深坑鄉：葉子，
2010. 10
面； 公分. --（銀杏）
ISBN 978-986-6156-01-4（平裝）

1.點心食譜

427.16   99018664

銀杏 Ginkgo

美味糕點新主張

超人氣烘焙部落格版主妃娟的 fun 心糕點

作　　者／薛妃娟
企劃主編／孟兆慶
攝　　影／呂紹煒
封面攝影／Melven Chang
美術設計／張明娟
出　　版／葉子出版股份有限公司
發 行 人／葉忠賢
總 編 輯／閻富萍
印　　務／許鈞棋

地　　址／新北市深坑區北深路三段 260 號 8 樓
電　　話／886-2-8662-6826
傳　　真／886-2-2664-7633
服務信箱／service@ycrc.com.tw
網　　址／www.ycrc.com.tw

印　　刷／威勝彩藝印刷事業有限公司
ＩＳＢＮ／978-986-6156-01-4
初版一刷／2010 年 10 月
初版九刷／2016 年 7 月
新 台 幣／350 元

總 經 銷／揚智文化事業股份有限公司
地　　址／新北市深坑區北深路三段 260 號 8 樓
電　　話／886-2-8662-6826
傳　　真／886-2-2664-7633